機器學習應用
從構想邁向產品

Building Machine Learning
Powered Applications
Going from Idea to Product

Emmanuel Ameisen　著

徐浩軒　譯

O'REILLY®

目錄

第二部分　建立一個工作管線

第四部分　部署並監視

前言

使用機器學習驅動應用的目標

過去十年來，機器學習（ML）被越來越廣泛地用於驅動各種產品，例如：自動化的客服系統、翻譯服務、推薦引擎、詐欺偵測模型，以及更多更多。

令人驚訝的是，在教導工程師和科學家們如何建立這類產品的可用資源卻很少。很多書籍和課程都會教導如何訓練 ML 模型或是如何建立軟體專案，但很少同時整合這兩個世界，去教如何建立由 ML 驅動的實際應用。

部署 ML 作為應用的一部分，需要混合創意、強大的工程實踐，以及一個分析性的思維模式。打造 ML 產品的挑戰性是聲名狼藉的，因為它們不僅僅是簡單地在一個資料集上訓練模型，還需要更多方法，像是為給定特徵選擇正確的 ML 方法、分析模型錯誤和資料品質問題，以及驗證模型結果以確保產品的品質，這些都是 ML 建立過程的核心中具挑戰性的問題。

本書涵蓋了此過程的每個步驟，透過分享方法的組合、範例程式，以及從我和其他經驗豐富從業者的建議，來幫助您完成每個步驟。我們將介紹設計、建立和部署 ML 驅動應用所需的實際技能。本書的目的是幫助您在 ML 過程中的每個部分獲得成功。

使用 ML 打造實際應用

如果您經常閱讀 ML 論文和公司的工程部落格，您也許會對線性代數方程式的組合和工程術語感到不知所措。這個領域的混合特性使得許多能貢獻他們各種專業的工程師和科學家們對 ML 領域感到卻步。同樣地，創業者和產品領導者通常困在把他們的商業構想和當今 ML 所能實現的（和未來的可能性）結合在一起。

這本書介紹我在多家企業資料團隊中的工作，以及透過我在 Insight Data Science 領導人工智慧學程的工作時，幫助了數百位資料科學家、軟體工程師和產品經理建立應用 ML 的專案中，所學到的經驗與教訓。

本書的目標是分享逐步的實際引導以建立 ML 驅動的應用。這是實際而且著重在具體的指導和方法以幫助您建立原型、疊代和部署模型。因為它橫跨了廣泛的主題，只有在每個步驟中有需要的情況我們才會更仔細的探討，如果您對這些主題有興趣，我會盡可能提供資源來幫助您更深入了解介紹的主題。

重要的概念會透過實際的範例進行說明，包含在本書最後會從概念到部署模型的一個案例研究。大部分的範例都會附有圖示說明，而且許多會包含程式碼。在本書中所有使用到的程式碼都可以在本書的 GitHub 儲存庫（*https://oreil.ly/ml-powered-applicataions*）中找到。

由於本書著重在描述 ML 的過程，所以每章都是建立在前一章的概念之上。因此我建議您依序閱讀本書，以便您能了解每個成功的步驟是如何置於整個過程當中。如果您正在尋找要探索 ML 過程中的一小部分，搭配一本較專業的書可能會更好。如果是這樣，我會分享一些建議。

額外資源

- 如果您想充分了解 ML 以從頭開始撰寫自己的演算法，我推薦 Joel Grus 撰寫的《*Data Science from Scratch*》。如果您在追求深度學習理論，由 Ian Goodfellow、Yoshua Bengio、Aaron Courville 所撰寫的《*Deep Learning*》（MIT Press），是一個綜合性的資源。

- 如果您想知道如何在特定資料集上有效率又準確地訓練模型，Kaggle（*https://www.kaggle.com/*）和 fast.ai（*https://fast.ai*）是很棒的地方可以去看看。

- 如果您想學習如何建立需要處理大量資料的可擴展應用，我推薦您去看 Martin Kleppmann 撰寫的《*Designing Data-Intensive Applications*》（O'Reilly）。

如果您已經有程式撰寫經驗和一些基本的 ML 知識，而且想要打造 ML 驅動的產品，這本書將會引導您走過從產品概念到可交付原型的整個過程。如果您已經是資料科學家或 ML 工程師，這本書將增加您 ML 開發工具的新技術。如果您不知道如何撰寫程式但是要與資料科學家合作，只要您願意跳過一些深入的程式範例，那麼這本書就可以幫助您了解 ML 的過程。

首先，我們將深入了解 ML 的實際含意。

實際的 ML

這段介紹的目的是將 ML 視為一個運用資料模式的過程，以自動化地調校演算法。這是個一般的定義，因此當您聽到很多應用、工具和服務正開始導入 ML 作為它們運作的核心時，您將不會感到驚訝。

其中一些任務是面向使用者的，例如：搜尋引擎、社群平台上的推薦、翻譯服務、自動偵測照片中的熟悉臉孔、遵循語音命令的指示，或是試圖在電子郵件中提供有用的建議以完成句子。

有些工作以較不顯而易見的方式，悄悄地過濾垃圾郵件和詐欺帳戶、投放廣告、預測未來的使用模式以有效率地分配資源，或實驗每位使用者的個人化網站體驗。

目前有許多產品利用 ML，甚至有更多也可以這樣做。實際的 ML 指的是識別可以從 ML 中受益的實際問題，並為這些問題提供成功解決方案的任務。從高階的產品目標到 ML 驅動的結果是一項具有挑戰性的任務，在本書中會試著幫助您去完成它。

一些 ML 課程會藉由提供資料集並訓練模型來教導學生關於 ML 的方法，但是在資料集上訓練出一個演算法只是 ML 過程的一小部分。引人注目的 ML 驅動產品仰賴的不僅僅是一個彙整的準確度分數而已，而是一個長期過程的結果。本書將從構想開始接續到生產的整個過程，以一個示範應用說明每個步驟。我們將分享每天和部署這類系統的應用團隊共事中，所學到的工具、最佳做法和常見陷阱。

本書介紹的內容

為了介紹打造 ML 驅動應用的主題，本書的焦點是具體且實際的。特別的是，本書的目的在說明整個打造 ML 驅動應用的過程。

為此，我會先描述過程中每個步驟的處理方法。接著，我會以一個專案的例子作為個案研究來說明這些方法。本書還包含很多企業中實際的 ML 例子，以及特別訪談與已經建立並維護生產環境中 ML 模型的專家。

ML 的完整過程

為了成功地向使用者提供 ML 產品，您需要做的不僅僅是簡單地訓練出一個模型，您需要考慮周全地將您的展品需求**轉換**為 ML 問題、**收集**足夠的資料、有效率地在模型之間進行**疊代**、**驗證**您的結果並以穩固的方式**部署**它們。

建立模型通常只是 ML 專案總工作量的十分之一，掌握整個 ML 管線對於成功建立專案、在 ML 面試中成功，以及在 ML 團隊中成為傑出貢獻者至關重要。

技術性且實際的案例研究

雖然我們不會用 C 語言從頭實作演算法，但我們將透過使用更高級抽象的函式庫和工具來保持實際和技術性。我們將在走過本書內容時建立一個 ML 應用範例，從最初的構想到已部署的產品。

我將會適時使用程式碼片段來說明關鍵概念，以及利用圖片描述我們的應用。學習 ML 的最好方法是實踐它，因此，我鼓勵您閱讀本書時，複製範例並改寫它們，以打造您自己的 ML 應用。

真實的商業應用

在本書中，我會收錄來自 ML 領導人的對談和建議，這些領導人曾在科技公司如：StitchFix、Jawbone 和 FigureEight 的資料團隊中工作。這些討論將涵蓋與數百萬使用者建立 ML 應用後獲得的實際建議，這會導正一些關於是什麼使資料科學家和資料科學團隊成功的普遍誤解。

先備知識

本書假設您已對程式設計有些熟悉度。我將主要使用 Python 作為技術性範例並假設讀者已熟悉其語法。如果您想更新您的 Python 知識，我推薦由 Kenneth Reitz 和 Tanya Schlusser 撰寫的《*The Hitchhiker's Guide to Python*》（O'Reilly）。

此外，雖然我會定義本書中大部分提到的 ML 概念，但不會介紹所有 ML 演算法使用的內部運作方式。大多數演算法是標準的 ML 方法，會在如第 x 頁「額外資源」中所提到的導論式 ML 資源中被介紹到。

我們的案例研究：ML 輔助寫作

為了更具體說明這個構想，閱讀本書時我們將一起建立一個 ML 應用。

作為案例研究，我選擇了一個應用可以準確地說明疊代和部署 ML 模型的複雜性。我還想介紹一個可以產生價值的產品，因此我們將會實作一個由 *ML* 驅動的寫作助手。

我們的目標是建立一個可以幫助使用者寫得更好的系統。特別的是，我們會致力於幫助人們寫出更好的問題，這似乎是一個非常模糊的目標，但因為一些關鍵因素，它是一個很好的範例。當我們觀察此專案時，我將對它做更清晰的定義。

文字資料是無所不在的

文字資料可被大量地使用於您可以想到的大多數使用案例中，而且是許多實際 ML 應用的核心。我們是否試著更好地了解我們的產品評論、更精準地分類前來的幫助請求，或是量身製作我們潛在受眾的促銷訊息，這些我們都將會用到並產生文字資料。

寫作助手是有用的

從 Gmail 的文本預測功能到 Grammarly 的智慧拼字檢查器，ML 驅動的寫作輔助編輯器已經證明能以多種方式傳遞價值給使用者，這使得我們特別有興趣去探索如何從頭開始建構它們。

ML 輔助寫作是獨立的

很多 ML 應用只有在緊密整合進廣泛的生態系統中時才能運作，例如：叫車公司的預計到達時間（ETA）預測、線上零售業的搜尋和推薦系統，以及廣告出價模型。儘管文字編輯器可以從整合進文件編輯生態系統中受益，但是它可以透過自己證明價值，而且可以透過簡單的網站公開。

在這整本書中，這個專案將會讓我們突顯出打造 ML 應用的挑戰，以及我們建議的相關解決方案。

ML 過程

從構想到部署 ML 應用是條漫長又曲折的道路。在看過許多公司和個人建立了這樣的專案後，我已經確認了四個關鍵的連續階段，每個階段都將會在本書中的一個部分介紹。

1. **辨認正確的 ML 方法**：ML 的領域廣泛，而且通常會針對給定的產品目標提出多種解決方案。特定應用問題的最佳方法取決於許多因素，例如：成功的評估標準、資料可用性，以及任務的複雜性。此階段的目標是設定正確的成功標準，並確認合適的初始資料集和模型選擇。

2. **建立初始原型**：在模型上進行工作之前，先從建立一個端對端的原型開始。此原型應該旨在解決不涉及 ML 的產品目標，並讓您能夠確定如何最好地應用 ML。當原型被建立好，您就應該對是否需要 ML 有所想法了，並且應該能夠開始收集資料集來訓練模型。

3. **對模型進行疊代**：現在您有了資料集，您可以訓練模型並評估其缺陷。此階段的目標是在錯誤分析和實作中交替重複。提升此疊代循環的速度是提升 ML 開發速度的最佳方法。

4. **部署和監視**：當模型顯示出良好的效能，您應該挑選一個適當的部署方案。當部署好後，模型通常會以無法預期的方式故障。本書的最後兩章將介紹減少和監視模型錯誤的方法。

有很多基礎內容要介紹，所以讓我們進入並開始學習第 1 章吧！

本書編排慣例

本書使用以下的編排慣例：

斜體（*Italic*）

> 代表新的術語、URLs、email 地址、檔名和副檔名。中文以楷體標示。

定寬體（`Constant width`）

> 用來列出程式，以及在內文引用的程式元素，例如：變數或函式名稱、資料庫、資料型態、環境變數、陳述式及關鍵字。

定寬粗體（`Constant width bold`）

> 代表應該由使用者依字面輸入指令或其他文字。

等寬斜體（`Constant width italic`）

> 代表應該替換成使用者提供的數值，或由上下文決定的數值。

這個圖案代表提示或建議。

 這個圖案代表註解。

 這個圖案代表警告或需要特別注意的地方。

使用範例程式

這本書的補充範例程式可以從 *https://oreil.ly/ml-powered-applications* 下載。

如果您在使用這些範例程式時有技術上或其他問題，請寄信至 *bookquestions@oreilly. com*。

本書是為了幫助您完成工作。一般來說，讀者可以隨意在自己的程式或文件中使用本書的程式碼，但若是要重現程式碼的重要部分，則需要聯絡我們以取得授權。舉例來說，撰寫一個程式，其中使用數段來自本書的程式碼，並不需要授權；但是販賣或散佈 O'Reilly 書中的範例，則需要授權。引用本書並引述範例程式碼來回答問題，並不需要授權；但是把本書中的大量程式碼納入您的產品文件，則需要授權。

我們很感激各位註明出處，但這並非必要舉措。註明出處時，通常包括書名、作者、出版商、ISBN。例如：「*Building Machine Learning Powered Applications* by Emmanuel Ameisen (O'Reilly). Copyright 2020 Emmanuel Ameisen, 978-1-492-04511-3。」

如果覺得自己使用範例程式的程度超出上述的授權範圍，歡迎與我們聯絡：*permissions@oreilly.com*。

致謝

我的工作是在 Insight Data Science 指導研究員並監督 ML 專案，因而開始了寫這本書的計畫。感謝給我機會領導這個學程並鼓勵我寫下從中所學的 Jake Klamka 和 Jeremy Karnowski。我還想感謝與 Insight 合作的數百名成員，他們讓我有機會幫助他們突破 ML 專案原先的限制。

寫書是一項艱鉅的任務，O'Reilly 工作人員的幫助使得這個任務的每一步都變得更能管理。我特別要感謝我的編輯 Melissa Potter，她在整個撰書的旅程中不厭其煩地提供指導、建議和精神支持。感謝 Mike Loukides 不知為何地讓我相信寫書是值得投入的事。

感謝技術審查委員梳理了本書的初稿、指出錯誤並提出改善建議。感謝 Alex Gude、Jon Krohn、Kristen McIntyre 和 Douwe Osinga，從您們忙碌的行程中抽空來幫助這本書成為它最佳的版本。對於我邀請的資料從業者，分享了他們認為最需要關注的實際 ML 挑戰，感謝您們的時間和洞見，希望您們會發現這本書充分地介紹了這些內容。

最後，在本書撰寫的過程中，我要感謝我堅定不移的伴侶 Mari、挖苦我的助手 Eliott、我睿智又有耐心的家人，以及避免將我報為失蹤人口的朋友們，他們在一連串忙碌的週末和深夜中堅定不移地支持著我。是您們使這本書成真。

## 第一部分

發現正確的 ML 方法

絕大多數的人或公司都可以掌握到他們想處理的問題，比如說：預測哪些顧客即將離開線上平台，或者是如何建造一架無人駕駛機來跟隨使用者滑雪下山。同樣地，大部分的人也都能快速地學習如何訓練一個模型去分類顧客，或是在特定資料集上以合理的準確度來偵測物體。

可是，很少人或公司能做到理解問題、評估最佳解決方案、創造用 ML 解決問題的計畫，並自信地執行該計畫。這些技能通常需要在經驗中學習，同時經歷過好幾個野心過高、趕不上截止日期的專案計畫。

對一個特定產品來說，可能有許多種 ML 解決方案。在圖 I-1 中，您可以在左側看到一個寫作助手工具的樣品，包含寫作建議和讓使用者提供回饋的機會；在圖的右側則是能提供這種建議的可能 ML 方法示意圖。

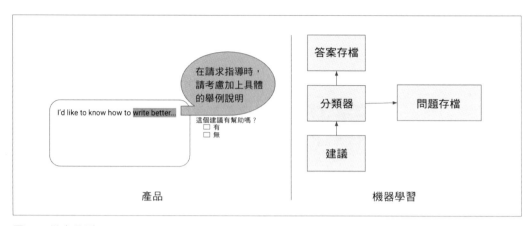

圖 I-1 從產品到 ML

此部分會先說明打造應用不同的可能方法，並從中選擇一個適合的方法。接著再深入探討使模型效能指標與產品要求一致的方法。

因此，我們將進入以下兩個主題：

第 1 章

在本章結束時，您會對打造應用有個構想、評估是否有可能解決、決定是否需要使用 ML，並清楚從哪類模型開始著手最為適合。

第 2 章

在本章中，我們會說明如何在您應用目標的情境下，準確地評估您的模型效能，以及如何使用此評估來達成定期的進展。

從產品目標到 ML 建構

ML 使機器從資料中學習並以機率的方式呈現，同時透過最佳化特定目標函數來解決問題。這有別於傳統程式設計，在傳統程式設計中，程式設計師需要撰寫出能描述如何解決問題、包含完整步驟的程式碼。因此，**當我們無法定義出一個啟發式**（*heuristic*）**解決方法時，建立 *ML* 的系統會特別有用。**

圖 1-1 說明了兩種方法來撰寫辨識貓咪的系統。左側的程式是由手動撰寫的解決步驟所組成；右側是 ML 利用已標籤的貓狗照片資料集，使模型學習從圖片到類別的映射（mapping）。在 ML 的方法中，沒有一定能達到成果的規則，只有一組輸入和輸出的實例。

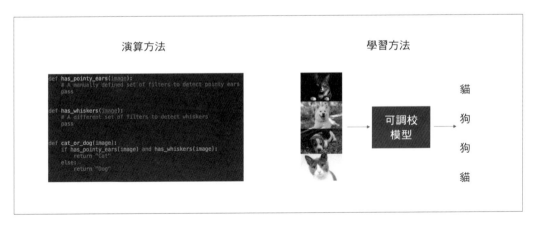

圖 1-1　從定義演算步驟到呈現資料的例子

ML 功能強大而且能創造全新產品，但因為它是基於對資料中模式的辨識，所以帶來了一定程度的不確定性。重要的是，應該確定產品中哪個部分能受益於 ML，以及從如何最小化使用者體驗不佳的風險的角度，來制定模型的學習目標。

比如說，手動撰寫從像素值中自動偵測圖片裡有哪個動物的完整步驟程式，幾乎是不可能的（而且極為費時）。但是藉由給卷積神經網路（CNN）看數千張不同動物的圖片，我們就能建立一個比人類分類更準確的模型。這吸引大家開始使用 ML 來處理這個任務。

另外，ML 較不適用的反例是，自動計算稅金的應用程式需要依賴政府提供的規則，而且報稅表上若出現錯誤會帶給使用者相當負面的體驗，所以用 ML 自動產生報稅表令人有所顧慮。

您絕不會想用 ML 來解決可管理、具有明確規則組合的問題，可管理的意思是您可以有信心地寫出且在維護上並不複雜的規則組合。

所以當 ML 打開了不一樣的應用世界後，重要的是要去思考哪些任務**能夠**而且**應該**由 ML 解決。當打造一個產品時，您應該從具體的商業問題出發，決定是否需要使用 ML，然後再尋找適合的 ML 方法，這將使您能盡快疊代這個過程。

本章中會從以下方法開始說明此過程：評估什麼任務能夠由 ML 解決、不同產品目標適合哪種 ML 方法，以及如何處理資料的需求。我會透過在第 xiii 頁「我們的案例研究：ML 輔助寫作」提過的 ML 寫作輔助編輯器案例，以及在 Monica Rogati 的訪談中來闡明這些方法。

評估可行性

由於 ML 不需要人類提供逐步指令就能完成任務，所以 ML 在一些任務上（例如：從放射影像中偵測腫瘤或是下圍棋）能比領域專家表現更好，以及一些對人類而言不可能達成的任務（例如：從上百萬篇的文章中進行推薦，或是把音響中的聲音改成像其他人的聲音）。

ML 直接從資料中學習的能力，使它應用在廣泛的領域中都相當有用。但是這也使得人們更難正確地判斷 ML 適合解決什麼問題。所以，相對於那些研究論文或是企業部落格發表的成功結果，更多的是不在檯面上、數百個聽起來合理結果卻完全失敗的 ML 構想。

儘管目前沒有任何方法能確保 ML 應用的成功，然而有一些準則可以幫助您降低處理 ML 專案時的風險。首要的是，每次都從產品目標開始，然後再決定如何把它處理到最好。

在這個階段，都應該對任何方法保持開放的心態，不論這個方法是否有用到 ML。當考慮使用 ML 時，要確認這些方法有多適用於產品，而不只是空想這些方法多麼有趣。

確認 ML 方法有多適用於產品時，您需要依循兩個步驟：（1）以 ML 的方式制定產品目標。（2）評估 ML 任務的可行性。依據您的評估，您可以再次調整您的產品目標直到滿意為止。接下來讓我們來探討這些步驟。

1 **以 ML 的模式制定產品目標**：當我們打造一個產品時，我們必須先考慮要提供什麼服務給使用者。如同我們在導論中提過的，我們會以幫助使用者寫出更好問題的編輯器案例，來說明這些概念。這個產品的目標很明確：在使用者撰寫好問題之後，讓他們能夠收到可行又有用的修改建議。然而，相較於制定產品目標，ML 建立在完全不一樣的方式之上，ML 關注的是它自己如何*從資料中學習出一個函數*，例如：學習將句子翻譯成另一種語言。因此，對於一個產品目標而言，經常有很多不同實作難度的 ML 演算法。

2 **評估 ML 任務的可行性**：所有 ML 的應用問題都不一樣！當我們了解 ML 的發展現況，就能知道現在已經可以在數小時內建立一個能正確分辨貓狗照片的模型，但像是要建立與人聊天的系統，仍是待解決的研究問題。為了能有效率地建立 ML 的應用，重要的是，同時考慮多個可能的 ML 架構，並從一些我們認為最簡單的架構開始。其中一個評估問題困難度的好方法就是同時考慮它需要哪一種資料，以及現有的模型是否能夠運用這種資料。

為了提供不同 ML 架構的建議並評估可行性，我們應該檢視 ML 應用問題裡的兩個核心面向：模型和資料。

我們先從模型開始說明。

模型

ML 有很多常見模型，但我們在這裡不會詳細介紹它們，您可以自行參閱本書中第 x 頁「額外資源」以獲得更完整的說明。除了常見模型之外，每週都有許多創新的模型、架構和最佳化方法被發表出來，光是在 2019 年 5 月，就超過了 13,000 篇論文被提交到

ArXiv（*https://arxiv.org*），ArXiv 是一個熱門的線上研究論文庫，這裡常常會發表新模型的論文。

因為說明不同種類的模型，以及如何應用到不同的問題上能幫助您評估可行性。所以，我在這裡將依據模型解決問題的方式進行簡單的分類，這些分類可以指引您選擇特定 ML 應用問題的解決方法。因為模型和資料彼此在 ML 中是高度相關的，您會發現這一節的內容和第 14 頁「資料類型」有一些重複。

ML 演算法是根據它們是否需要標籤來分類，標籤指的是模型輸入資料後的預期輸出。監督式（supervised）演算法即是使用有標籤的輸入資料集，目標是去學習輸入對標籤的映射；非監督式（unsupervised）演算法則不需要標籤；最後，弱監督式（weakly supervised）演算法則使用不完全理想、但某種程度上相似的輸出。

很多產品目標能同時以監督式和非監督式演算法處理。例如：我們可以建立一個不需要標籤的模型，來偵測有異於一般交易的詐欺偵測（fraud detection）系統，也可以訓練一個已經將交易資料手動標籤為「詐欺」或「合法」的監督式模型。

對大部分的 ML 應用而言，由於我們能透過標籤來評估模型的預測品質，所以監督式方法更容易驗證，而且因為我們能夠取得預期的輸出，所以也更容易訓練。雖然一開始建立有標籤的資料集可能會很耗時，但這會使後續建立和驗證模型更加容易。基於以上理由，本書大部分的內容都會說明監督式演算法。

確認模型會採用哪種輸入並產生哪種輸出，能顯著地幫助您縮小 ML 可能方法的範圍。以下任一種監督式 ML 方法都可能適用於您的應用中：

- 分類和迴歸（Classification and regression）
- 知識提取（Knowledge extraction）
- 使用者目錄推薦（Catalog organization）
- 生成式模型（Generative models）

在接下來的小節中，我會在這些方法上做進一步的延伸。當我們在了解這些不同的建模方法時，我建議您想想可以使用或可以收集到哪些資料，因為最後模型的選擇往往會受限於能否取得資料。

分類和迴歸

一些專案主要是在將資料有效分類到兩種或多種類別，或是一個連續型量尺（指的是**迴歸**而非**分類**）中的數值。雖然迴歸和分類的技術是不同的，但處理它們的方法通常有許多重疊的部分，所以我們在這裡把它們放在一起介紹。

分類和迴歸相似的理由之一是，大多數的分類模型會先輸出一個機率值，經過歸納後再決定目標對象應該屬於哪個類別。廣義上來說，分類模型也可以視為在機率值上的迴歸。

一般來說，我們會對個別資料進行分類，例如：分類電子郵件是否是垃圾郵件的過濾系統、分類使用者是詐欺或合法的詐欺偵測系統，或是分類骨頭是否有骨折的放射影像電腦視覺模型。

在圖 1-2 中，您可以看到一個根據情感和媒體的句子分類範例。

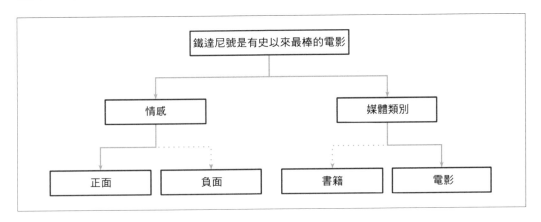

圖 1-2　分類一個句子到多個類別中

在迴歸的專案中，就不是把個別資料歸類到一個類別中，而是給予一個數值，比如：根據房子的房間數和座落地點等特徵來預測它的銷售價格。

在一些例子中，我們取得了一連串歷史的資料點（非單一個），來預測未來的某個事件，這種類型的資料通常被稱作「**時間序列**」（*time series*），而「**預測**」（*forecasting*）指的是利用這一連串的資料點預測未來的事件。時間序列資料能呈現病患的疾病史或是國家公園的持續參訪人數。因此，特徵和模型加上時間維度後，通常能對這類時間序列的專案有所幫助。

在其他例子中，我們試圖去偵測資料集中不尋常的事件，這就是所謂的「**異常偵測**」（*anomaly detection*）。當分類器試圖去偵測資料中的罕見事件，但卻難以準確預測時，這種情況就像是大海撈針一樣困難，所以通常需要使用其他方法。

好的分類和迴歸工作大多需要有意義的特徵工程（feature engineering）。在特徵工程中，特徵選擇（feature selection）是選擇出最有預測價值的特徵子集合，而特徵生成（feature generation）的任務是透過修改、組合既有特徵或資料集，進而產生有效預測目標的良好預測因子（predictor）。我們會在本書的第三部分更詳盡說明這些主題。

近年來，深度學習已經展現出為圖像、文字和聲音自動生成有用特徵的能力，將來它還可能會在簡化特徵生成和選擇上扮演重要角色。但就目前來說，特徵工程仍屬於 ML 流程中的一部分。

因此，我們能利用前面介紹過的分類或提供機率值的方法，來為 ML 寫作輔助編輯器產生有用的寫作建議。不過這需要仰賴模型本身的可解釋性（interpretability），這部分我們稍後再繼續討論！

並非所有應用問題的目的都是把資料歸於一個類別或數值。在一些案例中，我們希望以更細緻的層次從輸入中的某部分提取資訊，比如說知道一張圖片中哪裡有物體。

從非結構化資料中提取知識

結構化資料（*structured data*）指的是以表格形式儲存的資料，像是資料庫的表格和 Excel 的工作表。**非結構化資料**（*unstructured data*）則指的是非表格形式的資料集，包含文字（來自文章、評論、維基百科等）、音樂、影片、歌曲。

在圖 1-3 中，您可以看到左側結構化資料和右側非結構化資料的例子，知識提取模型著重在利用 ML 從非結構化資料中提取知識結構。

在文字資料的案例中，知識提取能增加評論的結構，例如可以訓練模型來提取評論中的不同面向，如：乾淨度、服務品質和價格，然後使用者就可以輕鬆取得那些他感興趣面向的評論。

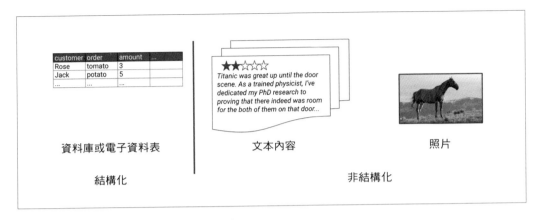

圖 1-3 結構化和非結構化資料類型的範例

在醫學領域中，我們能以醫學論文作為輸入的原始文本，來建立知識提取的模型，接著提取論文中所研究的疾病、相關的診斷與其成效資訊。在圖 1-4 中，模型輸入句子並提取哪些單詞是媒體類型、哪些單詞是電影標題。例如，對於粉絲論壇中常被討論的電影，這種模型能從它們的影評產生摘要。

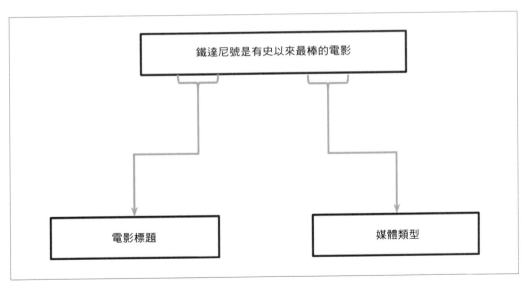

圖 1-4 從句子中提取媒體類型和標題

以圖片來說，知識提取任務通常包含尋找感興趣的區域（areas of interest）並分類它。圖 1-5 中描述了兩個常用的方法，第一個是物體偵測（object detection），這是一種較粗略的方法，它透過在感興趣的區域周圍繪製矩形（稱為**定界框**（*bounding box*））所組成；第二個是圖像分割（image segmentation），它可以更精確地在圖像中標籤每個像素的類別。

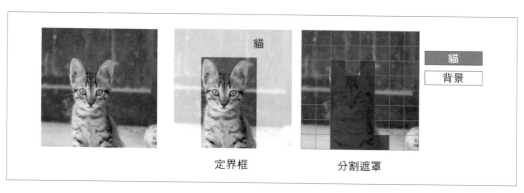

圖 1-5 定界框和分割遮罩（masks）

提取的資訊有時候還可當作另一個模型的輸入。例如：從瑜珈練習者的影片中使用第一個模型來偵測並提取姿勢的關鍵點，接著再將這些關鍵點輸入到第二個模型中，這個模型能基於關鍵點的標籤資料來分類姿勢是否正確。圖 1-6 顯示了能完成此任務的兩個連續模型範例，第一個模型從非結構化資料（照片）中提取結構化資訊（關節的座標），第二個模型獲取這些座標並分類成瑜珈姿勢。

目前為止，我們看到的模型都著重在特定輸入下產生輸出，但像是搜尋引擎或推薦系統，它們的產品目標則是顯示相關的項目，我們接下來將會介紹這個類型的模型。

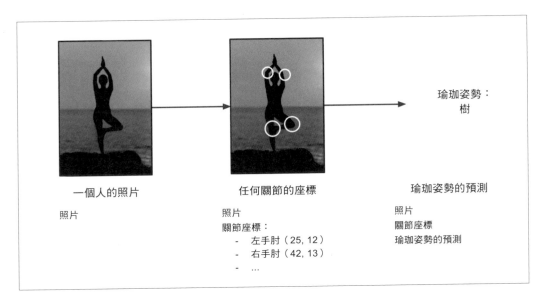

圖 1-6 瑜珈姿勢偵測

使用者目錄推薦

使用者目錄推薦模型通常會呈現給使用者一組結果，比如：以搜尋欄中輸入的文字、上傳的圖片，或是跟家庭助理說的一段話為條件所產生的結果。此外，在串流服務的案例中，還可以在使用者還沒提出要求時，就主動呈現他們可能會喜歡的內容。

圖 1-7 呈現了這種系統的範例，它根據使用者剛才看過的電影，主動推薦使用者可能喜歡的電影。

因此，這些模型根據使用者已表達興趣的項目來**推薦**其他項目（像 Medium 的文章或 Amazon 的商品），或是藉由目錄提供使用者有用的**搜尋**方式（允許使用者輸入文字或上傳他們自己的圖片來搜尋）。

這些推薦通常是從過去使用者的模式來學習，這種方法稱為**協同**（*collaborative*）推薦系統，推薦有時候是基於項目的特定屬性，這種方法稱為**基於內容**（*content-based*）的推薦系統。有些系統則同時利用協同和基於內容的方法。

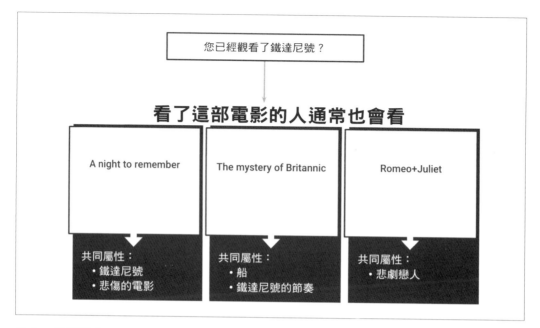

圖 1-7 電影推薦

最後，ML 也可以用於創意目的。模型可以學習生成美觀的圖像、音訊甚至有趣的文字。這樣的模型被稱為生成式模型。

生成式模型

生成式模型是根據使用者的輸入生成資料，而非分類、評分、提取或推薦資料。它們經常有範圍很大的輸出，這代表生成式模型是特定地去擬合任務，像是：翻譯，這些輸出的結果變化很大。

另外，生成式模型常用於訓練較少限制的輸出結果，這使它們成為生產環境中較高風險的模型。因此，除非它是達成目標的必要條件，否則我建議您從其他模型開始。但是，若您想要深入了解生成式模型，我推薦 David Foster 撰寫的書籍《*Generative Deep Learning*》。

具體的範例如：語句翻譯、文本摘要、將音軌對應到影片的字幕生成，以及從圖片對應到特定風格的神經網路風格轉換（neural style transfer）（參見 Gatys 等人的「A Neural Algorithm of Artistic Style」）（*https://oreil.ly/XVwMs*）

圖 1-8 是一個生成式模型的例子，透過給予中間下方小插圖的風格來轉換左側的照片，成為風格相仿的圖片。

圖 1-8　風格轉換的範例，源自 Gatys 等人的「A Neural Algorithm of Artistic Style」
　　　　（https://oreil.ly/XVwMs）

您現在已經知道各類模型需要以不同類型的資料進行訓練，所以模型的選擇通常會受到您能夠取得的資料影響，即──資料可用性（data availability）經常驅動模型選擇。

接下來，讓我們介紹一些常見的資料使用情境和相關的模型吧。

資料

監督式 ML 模型利用資料中的模式來學習輸入對輸出的有用映射，如果資料集裡包含對目標具預測性的特徵，我們應該就能以合適的模型進行學習。然而，如果要訓練深度學習的端對端（end-to-end）模型，一開始我們通常沒有正確的資料可使用。

假設我們要訓練一個聽取客戶要求、理解客戶意圖，並依此執行的**語音辨識**（*speech recognition*）系統，當我們開始從事這個專案時，我們可能會定義一組我們想得知的客戶意圖，如「在電視上播放電影」。

為了訓練出能完成此任務的 ML 模型，我們需要聲音片段的資料集，它包含不同背景使用者以各自的用詞所提出播放電影的要求。因為任何模型都只能從我們提供給它的資料中學習，所以擁有一組具代表性的輸入相當重要，如果資料集只包含到總體的子集合，那麼產品只會對這個子集合有用。然而，如果是專業領域的應用，這類的資料集就不太可能已經存在了。

對於大部分的應用，我們需要去搜尋、整理並收集額外的資料，資料取得的流程和複雜度可能會因專案的具體情況而有很大的差異。所以為了應用的成功，事先評估挑戰是非常重要的。

首先，我們定義一些在搜尋資料集時的不同情況，這是決定後續如何進行的關鍵因素。

資料類型

將問題定義為**輸入對輸出的映射**後，我們能依此映射搜尋資料來源。

對於詐欺偵測，我們需要的資料可能是詐欺和合法的使用者案例，以及我們能用來預測他們行為的帳戶特徵。另一方面，對於翻譯來說，則需要成對的原始語句和目標領域語句的語料庫。至於在內容配置和推薦的應用中，需要的是搜尋和點擊的歷史資料。

我們很少能找到和預期完全一致的的資料，因此可以多考慮幾種不同的資料情況，我們把這視為不同層次的資料需求。

資料可用性

資料可用性從最理想到最具挑戰性的情境可以粗略分為三個等級。然而，您通常可以預設最有用的資料是最難找到的，讓我們來接著介紹吧。

已標籤的資料

這是圖 1-9 中最左側的類別。當使用監督式模型時，擁有**已標籤的資料集**是每個從業者的夢想。已標籤指的是有提供模型學習目標值的資料點，由於標籤代表了真實答案，這使得訓練並判斷模型品質變得更加容易。事實上，在網路上很少能找到符合自己需求又能自由使用的已標籤資料集，通常會把找到的資料集誤以為是自己需要的。

弱標籤的資料

這是圖 1-9 中的中間類別。有些資料集包含了不完全、但與建模目標又有某種程度相關的標籤。例如：在音樂串流服務中使用重播和跳轉的歷史紀錄，來預測使用者喜不喜歡這首歌。雖然聽眾並沒有把歌曲標註為不喜歡，不過如果他們播放時跳過了這首歌，那就表示他們有可能不喜歡它。雖然弱標籤在定義上較不精確，但通常比完全與建模目標一致的完美標籤更容易找到。

無標籤的資料

這是圖 1-9 中的右側類別。在某些情況下，我們雖然沒有獲得想要的已標籤資料集，但至少能夠獲取僅包含相關例子的無標籤資料集。以文本翻譯為例，我們或許能同時獲取包含兩種語言的大量文本資料集，然而資料集裡面並沒有輸入對輸出的直接映射。這代表我們需要為資料集上標籤，或尋找能學習這種無標籤資料的模型，或是以上兩種做法都各做一些。

我們需要獲得資料

無標籤資料集離我們無資料的情況只有一步之遙，所以只要去取得資料即可。多數情況下，因為我們沒有所需的資料集，所以需要找到能獲得所需資料的方法。一般人認為獲取資料是困難的任務，但其實現在已經有很多快速收集並標籤資料的方法，這在第 4 章會說明。

對於我們的 ML 寫作輔助編輯器，理想資料集應該是一組使用者輸入的問題以及一組用詞更好的問題，許多使用者問題的資料集有一些**弱標籤**來表示它們的品質，例如：「讚」（likes）或「贊同」（upvotes），所以這是屬於弱標籤資料集。這會幫助模型學習到使問題被判斷成好或壞的原因，但無法提供相同問題的編修版本。圖 1-9 中可以看到這些範例。

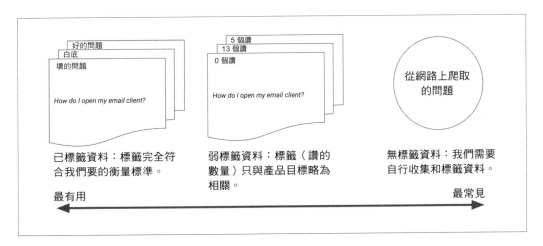

圖 1-9 資料可用性與資料有用性

在 ML 中，弱標籤資料集指的是包含有助於模型學習的相關標籤，但這些標籤並不完全貼近於真實的建模目標。然而，實際上我們所能收集到的資料集大多是弱標籤。

擁有不完美標籤的資料集是完全沒有問題的，而且這不應是阻止您前進的理由。ML 的流程本質上是疊代的，所以不論資料的品質如何，最好的前進方式是從資料集開始並獲得一些初步結果。

資料集是疊代的

由於您通常無法立即找到輸入直接對應到理想輸出的資料集，所以我建議逐步疊代您描述應用問題的方式，以便更輕鬆地找到合適的初始資料集。您探索並使用過的每個資料集都能提供有意義的資訊，使您可以用它們來選擇下一個版本的資料集，並為您的模型產生有用的特徵。

現在，讓我們深入案例研究，看看如何運用我們學到的知識來分辨可用的不同模型和資料集，並從中建立最合適的 ML 架構。

建構 ML 寫作輔助編輯器

接下來，我們來看看如何疊代產品使用案例以找出正確的 ML 建構方式，我們會概述從產品目標（幫助使用者撰寫出更好的問題）到建構 ML 模式的整個過程。

我們希望建立一個能接受使用者的問題，並幫助他們把問題寫得更好的寫作輔助編輯器。但在這個案例中，「更好」是什麼意思？讓我們先定義出更明確的產品目標。

許多人使用論壇、社群網站，例如 Stack Overflow（*https://stackoverflow.com/*）之類的網站來找到問題的答案。然而，問問題的方式與是否能收到有用的答案有很大的影響。問題如果表達不好，不論對於希望獲得問題答案的使用者，或未來可能有相同問題而想找到既存有用答案的使用者，都可能會導致不幸的情況。因此，我們的目標是**打造一個可以幫助使用者撰寫出更好問題的助手。**

我們已經有了產品目標，現在需要決定要使用哪種建模方法。為了做出決定，我們將會完整說明前面提過的模型選擇和資料驗證的疊代循環。

試著用 ML 做到這一切：端對端架構

在這個情境下，**端對端**指的是不需中間步驟的單一模型，即可從輸入直接對應到輸出。由於大多數的產品目標都是非常具體的，所以如果要嘗試以端對端來學習解決整個使用案例，通常會需要客製化前沿的 ML 模型。對於擁有足夠資源來開發並維護這種模型的團隊來說，這可能是正確的解決方案，但是我們通常還是先從更好理解的模型開始。

在我們的案例研究中，我們可以試著收集表達不好的問題資料集，以及問題的專業編修版本。然後，我們就可以使用端對端的生成式模型，將表達不好的問題直接轉換到另一個表達較好的問題。

圖 1-10 描述了這種轉換的過程。它是一個簡單的圖，左側是使用者的輸入，右側是預期的輸出，中間是模型。

圖 1-10 端對端方法

如您所見，這種方法將面臨巨大挑戰：

資料

> 為了獲得這樣的資料集，我們需要找到問題的意圖相同、但用詞品質不同的成對問題。這是相當難找到的資料集，而且因為我們需要專業編修人員的協助來產生這些資料，所以自己建置它的成本也很高。

模型

> 以上討論的端對端生成式模型類型中，從一個文字序列轉換到另一個文字序列的模型近年來有極大的發展。序列對序列（sequence-to-sequence）模型（如 I. Sutskever 等人在論文「Sequence to Sequence Learning with Neural Networks」（*https://arxiv.org/abs/1409.3215*）中所述）最初在 2014 年提出來應用在翻譯任務中，並且逐漸拉近了機器翻譯和人工翻譯之間的差距。然而，這些模型目前主要是在句子級（sentence-level）的任務上成功。它們不常用於翻譯比段落還長的文本，因為到目前為止，它們還無法捕捉到段落與段落之間的較長脈絡。另外，因為這種模型一般

來說具有大量的參數，所以它們是一種訓練最慢的模型。如果模型只訓練一次那不成問題，但如果需要每小時或每天再進行一次訓練，則訓練時間就成為重要的考量。

延遲（Latency）

序列對序列模型通常是**自迴歸模型**（autoregressive model），這代表它們需要接收到前一個單詞的模型輸出之後，才能再繼續處理下一個單詞。這樣雖然讓它們可以利用到鄰近單詞之間的資訊，但與簡單的模型相比，它們的訓練和推論速度較慢。與一秒內延遲的簡單模型相比，這類模型在推論時可能需要花費好幾秒才能得出答案，儘管可以最佳化這種模型讓它能更快地運行，但這會需要進行額外的工程。

實作的簡易程度

訓練複雜的端對端模型，其過程非常精巧而且容易出錯，因為它們具有許多可更動的部分，這代表我們需要權衡模型可能的效能和它在管線中增加的複雜度，這種複雜度將使我們在建構管線時的速度降低，同時帶來維護的負擔。如果我們預期到其他團隊成員可能需要疊代並改進您的模型，也許值得選擇一組更簡單也更容易理解的模型。

這種端對端的方法可能行得通但卻無法保證成功，而且需要在前期進行大量的資料收集與資料工程的工作。因此有必要探索其他替代方案，這部分我們將在後面介紹。

最簡單的方法：從演算法的角度

正如您將在本節中最後的訪談看到，對資料科學家來說，在實作演算法之前最好先從**演算法的角度**。換句話說，要了解如何很好地將應用問題自動化，請先試著手動解決問題。因此，如果我們自己能編修問題來提高可讀性和獲得答案的機率，那麼我們會如何做？

第一種方法是完全不使用資料，而是利用現有的技術來定義什麼使問題或文本內容寫得好。關於一般的寫作技巧，我們可以聯繫專業編輯或是去研究報紙的風格指南以了解更多資訊。

此外，我們應該深入研究資料集以了解個別實例和趨勢，並讓這些成為我們建模策略的參考，現在我們將暫時跳過此步驟，因為我們會在第 4 章中更深入地介紹怎麼做。

首先，我們可以去了解現有的研究（*https://oreil.ly/jspYn*），以辨別出一些我們可以用來幫助人們寫得更清晰的特徵，包含以下這些特徵：

語句簡單

  我們經常建議寫作新手使用更簡單的單詞和語句結構。所以，我們能對合適的單詞和句子長度建立一套標準，並提供一些修改建議。

語氣

  我們可以透過計算副詞、最高級和標點符號的使用，來評估文本的語氣傾向。根據問題的內容，太自以為是的問題可能會收到比較少的答案。

語句的結構特徵

  最後，我們可以嘗試提取問題中的重要結構特徵，例如：問候語或問號的使用。

當我們辨識並生成了有用的特徵，就能開始建立一個簡單的解決方案。然後，使用它們來提供建議，這裡還沒有使用到 ML，但在這個階段有兩個理由使它非常重要：第一是它提供了能快速實作的基線（baseline），第二是它能當作評估模型的標準。

為了驗證我們對於如何檢測良好寫作的直觀想法，我們可以收集「好」和「壞」問題的資料集，以了解能否使用這些特徵區分出好和壞。

介於兩者中間：從我們的經驗中學習

由於上一部分，現在我們有了一個基線特徵組合，接著我們就可以試著使用它們建立從**文本內容學習出寫作風格的模型**。為此，我們可以收集資料並從中提取我們先前描述的特徵，接著用它們來訓練分類器來辨別好的問題和壞的問題。

當有了能對文本進行分類的模型，我們就可以檢查模型，以確定哪些特徵具有較高的預測性，並將那些特徵當作寫作的建議。我們會在第 7 章中實際了解如何來做。

圖 1-11 說明了這個方法。在左側，訓練好的模型把問題分類成好或壞；在右側，我們給訓練好的模型一個問題，模型會對修改後的問題進行評分，並推薦使用者評比最高分的問題表達方式。

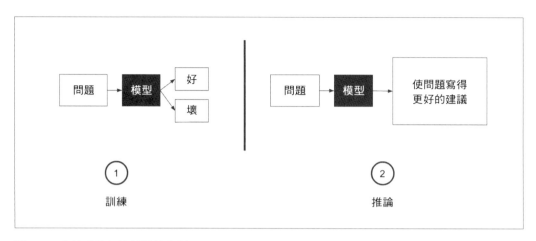

圖 1-11 介於手動和端對端的中間

讓我們檢視一下我們在第 17 頁「試著用 ML 做到這一切：端對端架構」中描述到的挑戰，看看分類器的方法是否有使挑戰變得更容易：

資料集

透過線上論壇收集問題並使用衡量品質的方式（例如：觀看次數或贊同數），我們可以獲得好和壞問題的資料集。與端對端方法不同，這種方法不要求我們獲取同一個問題的修訂版，我們只需要一組好和壞問題就能進行學習，而且這是比較容易找到的資料集。

模型

關於模型我們需要考慮兩件事情：第一是模型的預測能力如何（它能有效區分好的問題和壞的問題嗎？）；第二是從模型中提取特徵的容易程度（我們看得出哪個特徵能有效分類例子嗎？）。我們有多種可能的模型能使用，並從文本中提取出各種特徵，讓模型的預測更具解釋性。

延遲

大多數文本分類器都非常快，我們可以從一個簡單的模型（例如：隨機森林）開始，它可以在一般硬體上以不到 0.1 秒的速度回傳結果，並且在有需要時轉成更複雜的結構。

實作的簡易程度

文本分類相對於文本生成式模型更容易理解，這代表建立文本分類的模型應該比較快。網路上有許多文本分類管線的可行範例，而且許多模型已經部署到生產環境中了。

如果我們先從啟發式方法開始建立這個簡單的模型，我們很快就能擁有一個初始基線以及解決方案的第一步。此外，初始模型能告訴我們下一步要做什麼（第三部分會有更多的介紹）。

更多關於從簡單基線開始的重要性，我與 Monica Rogati 坐下來對談，她分享了在幫助資料團隊交付產品的過程中，所學到的一些經驗和教訓。

Monica Rogati：
如何選擇並安排 ML 專案中的優先次序

Monica Rogati 取得電腦科學領域的博士學位後，她在 LinkedIn 開始了她的職業生涯，她從事核心產品的研發，例如：將 ML 導入「您可能認識的人」（People You May Know）演算法中，並建立公司職位與求職候選人配對的初版。接著，她成為了 Jawbone 的資料副總經理，然後創立並領導了整個資料團隊。Monica 現在是數十家公司的顧問，這些公司的員工人數從 5 人到 8,000 人不等。她大方地分享當 ML 產品在設計和執行時，她經常會給團隊的一些建議。

問：您如何衡量一個 ML 產品？

答：您必須確定您正在嘗試使用最適合的工具來解決問題，並且只有在有意義的情況下才使用 ML。

假設您想預測某個應用中的使用者想要做什麼動作，並推薦我們的預測。在此之前，您應該先整合關於建模和產品的討論，這包括在產品設計中如何優雅地處理 ML 的故障。

您可以從模型預測的信心度開始，根據信心度的分數來提出不同的建議，例如：如果信心度高於 90%，我們會強調這則建議；如果超過 50%，我們仍會顯示這則建議，但不會特別去強調它；如果信心度低於 50%，則不會顯示任何建議。

問：您如何確定 *ML* 專案中的重點？

答：您必須先找到 ML 專案中的**影響力瓶頸**，這代表如果您改善管線中的這個部分，產品將能產生最大的價值。

與一些公司合作時，我經常發現他們沒有著手於正確的問題上，或是未處於正確的成長階段。問題常常出現在模型外圍的功能，而找出這些問題的最好方法就是用簡單的東西替換掉模型，再為整個管線除錯。問題通常不會與模型的準確度有關，所以即使您的模型成功，您的產品往往也可能會無法運作。

問：**為什麼您建議從一個簡單的模型開始？**

答：我們計畫的目標應該是以某種方式降低模型的風險，而最好的方法是從基線開始評估最差情況下的效能，以我們之前的範例來說，可能只是單純建議使用者他曾經執行過的動作。

如果這樣做，我們的預測會多久正確一次？如果我們做錯了，我們的模型會對使用者造成多大的困擾？假設我們的模型沒有比基線好多少，我們的產品是否仍然有價值？

簡單的模型也適用於自然語言理解和生成的應用，例如：聊天機器人、翻譯、問答和文本摘要。例如，在文本摘要中，通常只要提取出一篇文章中前幾個最重要的關鍵字和類別，就足以滿足大多數使用者的需求。

問：**當建立好整個管線，您如何找出產品影響力的瓶頸？**

答：您先想像解決產品影響力瓶頸後的情況，然後評估一下，看這是否值得您投入心力來達成。我鼓勵資料科學家撰寫社群貼文、鼓勵公司在開始專案之前就撰寫新聞稿，並在內文中提到努力的成果和影響，這可以幫助他們避免進行一些不切實際的工作。

理想的情況是，無論結果如何，您都可以推銷到產品。即使您沒有獲得最佳的成果，產品是否仍具影響力？您從中學到了什麼？或是驗證到了什麼假設嗎？在此過程中，建立基礎設施能幫助您降低部署產品所需的工作量。

在 LinkedIn，我們可以取得一個非常有用的設計元件：帶有幾行文字和網址的小視窗，這讓我們能客製化產品。當設計被批准之後，我們就可以更輕鬆地為專案（例如：推薦工作）啟動實驗。因為投入資源較低，所以影響不會太大，還可以加快疊代週期。這樣一來，產品的障礙就變成了無關工程的問題，像是：道德、公平和品牌塑造。

問：您如何決定要使用哪種建模技術？

答：第一道防線是親自檢查資料內容，假設我們要建立一個向 LinkedIn 使用者推薦社團的模型。有一個天真的方法是：推薦社團標題中包含使用者公司名稱的最熱門社團。看了幾個例子之後，我們發現甲骨文公司最受歡迎的社團之一是「甲骨文很爛！」，如果真的向甲骨文員工推薦這個社團會很糟糕。

人工檢查模型的輸入輸出是有價值的，檢查看看裡面是否有任何異樣。我在 IBM 部門的負責人有個口頭禪是：在做任何工作之前，都要先進行一個小時的手動操作。

檢查資料可以幫助您構思良好的啟發式方法與模型，以及重新打造產品的方法。如果您依照出現頻率為資料進行排序，您甚至可以快速辨識並標籤 80％ 的使用案例。

例如：在 Jawbone，人們輸入「短語」來記錄他們吃了什麼，經過我們手動標籤前 100 名之後，我們就已經涵蓋了 80％ 的短語，而且對於要處理的主要問題（例如：各種文本編碼和語言）已經有了深刻的想法。

請多元化的員工來檢查建模的結果是我們最後一道防線，這樣一來，您就可以捕捉到模型表現出歧視性行為的例子，例如：把您的朋友標記為大猩猩；或者自認聰明地回顧「去年的這個時候」，卻沒有意識到這是使用者痛苦的經歷，而將它呈現出來。

總結

如我們所見，打造一個 ML 驅動的應用首先要判斷可行性並選擇一種方法。選擇一個監督式方法通常是最簡單的開始方式，包含：分類、知識提取、目錄配置或生成式模型都是最常見的範例。

在選擇一種方法前，您應該先確定是否易於取得強標籤或弱標籤的資料，或是任何其他類型的資料。接著，為了比較可能會使用的模型和資料集，您應該要定義產品目標並選擇最能達成目標的建模方法。

我們說明了 ML 寫作輔助編輯器的以上步驟，從簡單的啟發式方法和基於分類的方法開始。最後，我們介紹了 Monica Rogati 這樣的領導者如何去應用這些方法，並將 ML 模型成功地提供給使用者。

我們已經選擇了一個初步的方法，現在該是定義成功指標、創造行動計畫以取得定期進展的時候了，包含制定最低效能要求、深入研究可用的建模和資料的資源，以及建立簡單的原型。

我們將在第 2 章中介紹這些內容。

創造一個計畫

在前章中，我們說明了如何評估 ML 的必要性，找出它最適合應用的地方，並將產品目標轉換為最適當的 ML 架構。在本章中，我們會說明 ML 和產品發展過程中所使用的指標，並且比較不同的 ML 實作方式，接著，我們會確定建立基準和規劃建模疊代的方法。

我曾不幸見到一開始就注定要失敗的 ML 計畫，它們失敗的原因是產品指標和模型指標的不一致。多數計畫無法產生對產品有用的模型，而不是因為建模本身的困難而導致失敗，所以我想在此章中專門討論指標與如何計畫。

我們將介紹一些技巧來利用現有的資源，以及根據您目前遇到問題的限制來創造可行的計畫，這將大幅地簡化所有的 ML 計畫。

讓我們從定義更詳細的效能指標開始吧。

評估成功

因為產生和分析結果是 ML 取得進步的最快方法，所以我們建立的第一個模型應該是滿足產品需求的最簡單模型。在前一章中，我們介紹了 ML 寫作輔助編輯器增加複雜性的三種可能方法。以下是給您的一些複習：

基線：設計基於領域知識的啟發式方法

我們可以先從簡化定義規則開始，這些規則是根據如何撰寫良好內容的先備知識而來。我們會看這些是否有助於分辨文本寫得好或壞來測試這些規則。

簡單的模型：分類文本好壞，並使用分類器來產生寫作建議

接著，我們可以訓練一個簡單的模型來區分問題的好壞。假設模型運作良好，我們可以檢視它，並從中發現哪些特徵能有效預測一個好問題，然後就能使用這些特徵作為寫作的建議。

複雜的模型：訓練一個從壞文本到好文本的端對端模型

就模型和資料而言，這是最複雜的方法。但是，如果我們有資源來收集訓練的資料，並建立和維護這種複雜的模型，就能夠直接解決產品需求。

以上這些是不同的方法，而且隨著我們從產品原型（phototypes）中了解到更多的資訊，這些方法可能會不斷地演進。但是，在進行 ML 專案時，您應該定義一組通用的指標以比較建模管線的成功與否。

您不會總是需要用到 ML

您可能已經注意到基線的方法一點也不需要用到 ML，正如我們在第 1 章中討論過的，某些特徵不需要用到 ML。重要的是，您也要了解到，即使您有可用於 ML 並獲得成效的特徵，也經常可以在最初版本中只使用啟發式方法，一旦使用了啟發式方法，您甚至可以體會到根本不需要 ML。

建立啟發式方法通常也是建立特徵的最快方法，當特徵建立好並開始使用後，您將會更清楚地了解使用者需求。這讓您能夠評估是否需要 ML，進而選擇一種合適的建模方法。

多數情況下，剛起步時不使用 ML 其實反而是打造 ML 產品的最快方式。

因為，我們將說明對任何 ML 產品的實用性而言，都具有重大影響的四種成效指標：商業指標、模型指標、新穎性和速度，明確定義這些指標將會使我們可以準確地評估每次疊代的成果。

商業成效

我們已經談過了從明確的產品或功能目標開始的重要性。一旦確立了這個目標，就應該定義出判斷產品是否成功的指標，而且它應該只單純用於此，並和任何模型指標分開來看。產品的指標可以很簡單，像是：這個功能吸引了多少使用者，或更細緻的指標，比如說：推薦的點擊率（click-through rate，CTR）。

最終而且最重要的指標就是產品指標，因為它們代表了產品或功能的目標，其他所有的指標都應該被當作改進產品指標的工具。儘管大多數的專案都傾向於把重心放在改善某一項特定產品指標上，但是產品指標不需要只有一項，因為專案的影響力通常是根據多項產品指標來衡量的，它可以包括所謂的**護欄指標**（*guardrail metrics*），指的是這些指標不應下降到指定的數值之下。舉例來說，一個 ML 專案的目標可以訂為提高指定的指標，例如：點擊率，同時保持其他指標的穩定，例如：與使用者對話（session）的平均時間長度。

對於 ML 寫作輔助編輯器來說，我們將挑選一個評估寫作建議是否有用的指標，例如：我們可以利用使用者依循建議的次數比例。為了衡量這樣的指標，這個編輯器的介面應該收集使用者是否接受建議，方法例如：將建議覆蓋在輸入處的上方並讓它可以點擊。

我們已經發現每種產品都有各自可能適用的 ML 方法。為了衡量 ML 方法的有效性，您應該追蹤模型的效能。

模型效能

對於大多數線上產品而言，決定模型成功與否的最終產品指標是：所有能從模型受益的使用者中，有多少比例的使用者實際使用了模型產出的結果。例如推薦系統的話，通常會計算有多少人點擊了推薦的產品以判斷成效（有關這種方法潛在的陷阱，請參見第 8 章）。

當產品仍在建構與部署階段時，就無法衡量使用情形的指標，但因為仍要評估進展，定義獨立的成功評估指標是重要的，這被稱為**離線指標**（*offline metric*）或是**模型指標**（*model metric*）。一個好的離線指標可以在不提供使用者模型的情況下進行評估，並使它與產品指標與目標盡可能地相關。

不同的建模方法搭配的是不同的模型指標，適時改變建模方法能更輕易地達成產品目標所需的模型效能水準。

例如：當使用者正在零售網站上搜尋商品時，假設您正嘗試向他們提供有用的推薦，您就可以透過點擊率來衡量此推薦的有效程度。

此外，為了產生推薦，您可以建立一個模型來試著預測使用者將要輸入的句子，並在他們輸入時顯示模型預測出的完整句子。您可以透過衡量模型單詞級（word-level）的準確度，即是計算下一組單詞預測正確的的機率，來衡量該模型的效能，但這樣子的模型需要達到極高的準確度才有助於提高產品的點擊率，因為一個單詞的預測錯誤足以產生沒用的建議。我們在圖 2-1 的左側概述了這個方法。

另一種方法是訓練一個模型，它將使用者的輸入分類到您預定好的目錄類別中，並提出三個最有可能的預測類別。您會使用所有類別而不是每個英語單詞的準確度來評估模型的效能，由於目錄裡的類別數量比英語詞彙少得多，所以這會是更易於最佳化的模型指標，而且，模型只需要正確預測出一個類別就可以讓使用者點擊，所以這種模型可以使產品的點擊率更容易提升。您可以在圖 2-1 的右側看到如何實際使用此方法的產品樣品。

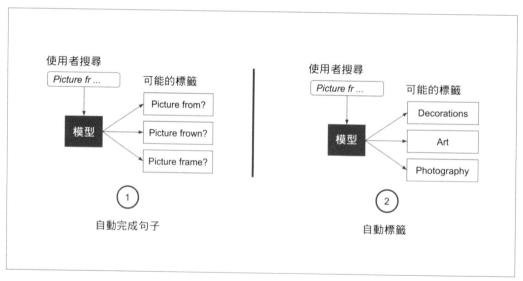

圖 2-1 些微更改產品就可以使建模任務更加容易

如您所見，在模型和產品之間進行些微的更改，就可以使用更直接的建模方法，並提供更可靠的結果。以下是為了簡化建模任務而更新應用的一些其他例子：

- 改變介面，若低於信心門檻值則忽略模型輸出結果。當建立使用者輸入就能夠自動完成句子的模型時，因為模型可能只有在語句的子集合中表現良好，所以如果模型的信心度超過 90％，我們才向使用者顯示推薦。

- 除了模型最有信心的預測之外，還提出其他預測或啟發式方法。例如，大多數網站會顯示模型的多個推薦。呈現五個候選的選項而不是僅顯示一個可能的選項，即使模型相同，這樣的建議對於使用者而言可能會比較有用。

- 向使用者傳達模型仍處於試驗階段，並給他們提供回饋的機會。當系統自動檢測到原本提供的語言並不是使用者的母語，並為他們提供翻譯時，網站通常會為他們增加一個按鈕，讓他們能回饋翻譯是否正確而且有用。

即使建模方法已經很適用於處理某個問題，有時候還是值得產生與產品成效相關的額外模型指標。

我曾經與一位資料科學家合作，他建立了一個可以從簡單網站的手繪草圖生成 HTML 的模型（請參閱他的文章「Automated Front-End Development Using Deep Learning」（*https://oreil.ly/SdYQj*）。這個模型的最佳化指標是使用交叉熵損失（cross-entropy loss）來比較每個預測和真實 HTML 標籤的差異。然而，該產品的目標是使生成的 HTML 看起來像是輸入的網站草圖，而不考慮標籤的順序。

然而，交叉熵不能解決排列問題：如果模型生成了一個除了在 HTML 開始處有額外的標籤之外，其餘都正確的 HTML 序列，則與目標相比之下所有標籤都位移了一個位置。儘管這是幾乎理想的結果，但這種輸出將導致很高的損失（loss）值。因此，當嘗試評估模型的有用性時，我們應該看得比最佳化的指標更深入一些。在此案例中，使用 BLEU Score（*https://oreil.ly/8s9JE*）可以更好地評估生成的 HTML 與理想輸出之間的相似度。

最後，在設計產品時應考慮模型效能的合理假設，如果產品仰賴完美的模型才能發揮作用，那麼就很可能會產生不準確甚至危險的結果。

比方說，如果您要建立一個模型，讓您可以將藥拍照並告訴患者其類型和劑量，那什麼是有用模型的最低準確度？如果目前的方法很難達到此準確度要求，您是否可以重新設計產品以確保使用者得到良好的服務，而不會因它產生的錯誤預測而陷入險境？

在我們的案例中，我們要建立的產品將提供書面寫作建議。大多數 ML 模型都有擅長和不擅長的輸入，從產品的角度來看，如果我們不能提供幫助——至少需要確保我們不會影響到使用者——所以我們想要限制：模型輸出的寫作建議反而比原本使用者的輸入還差，這個情況所發生的次數，那我們要如何才能在模型指標中表達出這一點？

假設我們建立了一個分類模型，它會根據收到的贊同數來預測問題是否撰寫良好。分類器的精準度（precision）被定義為被預測是好問題中，實際是好問題的比例。另一方面，召回率（recall）則是資料集的所有好問題中，後來被模型預測為好問題的比例。

如果我們希望獲得相關的建議，那麼我們需要優先考慮模型的**精準度**，因為當一個高精準度的模型將問題分類成好（並提出建議）的時候，那這個問題有很高的機率就真的是好的，所以高精準度指的是我們提出的建議往往是正確的。有關高精準度的模型為什麼對寫作建議更有用的原因，歡迎隨時參見第 186 頁「Chris Harland：傳遞實驗」。

我們透過模型在具代表性的驗證資料集上的輸出來評估這類指標，我們會在第 116 頁「評估模型：不只聚焦在準確度上」中深入探討這指的是什麼。但是目前，我們先將驗證集視為從訓練中保留下來的一組資料，用來評估模型對沒見過的資料表現如何。

初始模型的效能很重要，但是面對不斷變化的使用者行為，模型保持有用也很重要。在給定資料集上訓練的模型會在相似的資料上表現良好，但是我們要如何得知是否該更新資料集了？

新穎性和分佈轉移

監督式模型是透過學習輸入特徵和預測目標之間的相關性來獲得預測能力，這代表大多數模型都需要接觸與輸入相似的訓練資料才能表現良好。例如：一個模型如果只用男性照片來訓練預測不同性別的使用者年齡，那當這個模型應用在預測女性照片的年齡時將會表現不佳。但是，即使在足夠的資料集上訓練模型，許多問題的資料分佈也會隨著時間變化，當資料的分佈發生**轉移**時，通常還需要更改模型以保持相同水準的效能。

讓我們想像一下，當我們注意到降雨影響到舊金山的交通後，您建立了一個模型來根據上週的降雨量預測交通狀況，如果您使用過去 3 個月的資料並在 10 月的時候建立好了模型，則您的模型可能只有接受到每日降雨量小於 1 英吋的資料訓練。有關這種分佈的例子，請參見圖 2-2。隨著冬天臨近，平均降雨將接近 3 英吋，這比模型在訓練過程中呈現的降雨量還要高，如圖 2-2 所示。因此，如果模型沒有以最新的資料訓練，它將很難保持良好的效能。

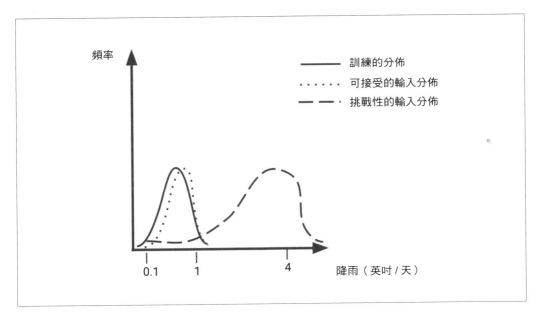

圖 2-2 分佈轉移

一般來說，只要模型與訓練期間呈現的資料足夠相似，它就可以在從未見過的資料上表現良好。

並非所有問題都具有同樣的新穎性需求，例如：古文的翻譯服務可以預期它們的資料能保持相對的穩定不變。但是，如果是建立搜索引擎，就必須假設資料將會隨著使用者改變搜尋習慣而不斷演變。

根據您的商業問題，您應該考量到維護模型**新穎性**的難度，像是您需要多久重新訓練一次模型？以及每次訓練需要花費多少費用？

對於 ML 寫作輔助編輯器而言，我們設想「表達良好的英語文章」所定義的變化程度相對較低，也許大約是一年。但是，如果我們是針對特定領域，則新穎性的需求將會發生變化。例如：提出關於數學正確方法的問題會比音樂趨勢問題的最佳用詞變化速度慢上許多。由於我們估計每年都需要重新訓練模型，所以我們需要每年更新資料。

我們的基線和簡單模型都可以從無互相對應的好壞句子資料中學習，這使得資料收集的過程更加簡單（我們只需要從去年開始尋找新問題）。複雜的模型需要成對的資料，意思是我們每年必須找到與相同句子對應的「好」和「壞」句子，這代表對於需要成對資料的模型而言，要滿足我們定義的新穎性需求將變得更加困難，因為獲取更新的資料集會更加耗時。

對於大多數應用，熱門度有助於降低資料收集的所需資源。如果我們的問題用詞服務流行起來，我們可以為使用者增加一個評估輸出建議品質的按鈕，接著，我們就可以收集使用者過去的輸入、模型的預測，以及相關的使用者評分，並把它們當作訓練資料集。

對於熱門的應用，它應該是有用的，但是一般情況來說，這需要即時回應使用者的需求。因此，模型傳遞預測的速度是需要納入考量的重要因素。

速度

模型在理想情況下應該快速提供預測，這讓使用者可以更容易地和它互動，並且同時為多位使用者提供模型的服務。那麼模型需要多快呢？在一些使用案例中，例如：翻譯短句，使用者會預期即時獲得答案。反之，其他像是在醫學診斷中，如果患者希望獲得最準確的結果，他們很樂意等待 24 小時。

在我們的案例中，我們將考慮兩種可能的方式來給予使用者建議：第一種是透過使用者撰寫、點擊上傳並獲得結果的提交框；第二種是在使用者每次輸入新字母時進行動態更新。儘管我們比較希望使用後者，因為能夠使該工具更具互動性，但這會需要速度更快的模型。

讓我們想像一下，當使用者點擊了提交按鈕，可以等待幾秒鐘過後獲得結果。但如果要使模型在使用者編輯文本時運行，則需要在不到一秒的時間內完成執行，最強大的模型需要更長的時間來處理資料。因此當我們疊代模型時，我們要牢記這一個需求。我們使用的任何模型都應該能在不到兩秒的時間內通過整個管線處理一筆資料。

隨著模型變得越來越複雜，模型推論的時間會增加。即使每個資料點可能都是相對較小的實例，如：NLP 的領域（例如：與即時影片的任務相反），差異也很顯著。以本書中案例研究的文本資料為例，LSTM 比隨機森林的速度慢大約三倍（LSTM 大約是 22 毫秒，而隨機森林僅花費 7 毫秒）。在單個資料點上，這種差異很小，但是當需要一次對成千上萬個例子進行推論時，差異就會迅速累積起來。

和其他應用程式的內部邏輯相比，對於推論時會使用到多個網路功能或資料庫查詢相關的複雜應用程式，模型的執行時間相對起來反而比較短，在這種情況下，上述模型的速度變得無關緊要。

根據您的應用，還可以考慮到其他類別的問題，例如：硬體限制、開發時間和可維護性。在選擇模型之前，了解您的需求很重要，這樣您就可以確保自己清楚現有的條件來選擇上述的模型。

當您確定需求和相關指標後，就可以開始制定計畫了，而這需要去評估未來的挑戰。在下一節中，我將說明如何利用先前的工作來探索資料集，以決定下一步要如何進行。

評估範圍與挑戰

如我們所見，ML 的表現通常是透過模型指標來呈現，儘管這些指標很有用，但應該使用它們來改進我們定義的產品指標，因為產品指標代表了我們要解決的實際任務。當我們在管線上進行疊代時，我們應該謹記產品指標並致力於改善它們。

到目前為止，我們介紹的工具將幫助我們確定一個專案是否值得去解決，並且衡量我們目前的狀況。然後，合理的下一步是草擬進攻計畫，以評估專案的範圍和持續進行的時間，並預測可能的障礙。

ML 的成功通常需要很好地理解任務的脈絡、獲取良好的資料集並建立適當的模型。

我們將在下一節介紹每一個類別。

運用領域專業

我們可以從最簡單的模型開始進行啟發式方法：基於對應用問題和資料知識的良好經驗法則。設計啟發式方法的最佳做法是了解專家當前正在做什麼，因為大多數實際應用並不是全新的問題，那麼其他人當前會如何解決您正嘗試解決的問題？

第二個設計啟發式方法的最佳做法是去了解您的資料，並根據您的資料集來問：如果您只能手動處理這項應用任務，您該如何解決？

為了分辨出良好的啟發式方法，我建議您向該領域的專家學習，或是去熟悉資料內容。接下來，我會更詳細地描述這兩者。

向專家請益

對於許多領域，我們可能希望實現自動化，向該領域的專家學習可以節省數十個小時的工作。例如，如果我們試圖為工廠設備建立具預測性的維護系統，則應首先與工廠經理聯繫，以了解我們可以合理地做出哪些假設，這可能包括了解目前執行維護的頻率、機器即將需要維護時會出現的徵兆，以及有關維護的法律要求。

當然，有一些案例可能很難找到領域專家，例如：一個全新使用案例的專有（proprietary）資料，比方說：預測特定網站功能的使用。不過，在這些情況下，我們通常可以找到已經處理過類似問題的專家，並從他們的經驗中學習。

這讓我們了解可利用的有用特徵，並發現應避免的陷阱，最重要的是去避免再製造很多資料科學家已經認為是不好的輪子。

檢查資料

正如第 21 頁「Monica Rogati：如何選擇並安排 ML 專案中的優先次序」中的 Monica Rogati，以及第 95 頁「Robert Munro：您如何尋找、標籤和利用資料？」中的 Robert Munro 提到的一樣，在開始建模之前先檢查資料非常的關鍵。

探索式資料分析（exploratory data analysis，EDA）是視覺化和探索資料集的過程，通常是為了直觀了解特定的商業問題。EDA 是建構任何資料產品的關鍵部分，除了 EDA 之外，以您預期模型運作的方式來個別標籤例子也很重要，這樣做有助於驗證假設，並確認您選擇了可以適當利用資料集的模型。

EDA 流程能使您了解資料的趨勢，並自行為它們標籤以促使您建立一套啟發式方法來解決問題。完成上述兩個步驟後，您應該更清楚地了解哪種模型最適合您，以及我們可能需要的資料收集和標籤策略。

下一個步驟是了解其他人如何解決類似的建模問題。

站在巨人的肩膀上

人們已經解決了類似的問題嗎？如果是這樣，最好的入門方法是理解並複製現有的結果，尋找具有相似模型或相似資料集，或兩者都有的公開實作。

理想上，這會包含尋找開源程式碼和可用資料集，但是這並不是那麼容易就可以取得的，特別是對於非常特定的產品。但是，開始進行 ML 專案的最快方法是複製現有成果，然後在這些成果的基礎上建構專案。

在擁有像 ML 一樣多可更改部件的領域中，非常重要的是站在巨人的肩膀上。

 如果您打算在工作中使用開源程式碼或是資料集，請確保您被許可這樣做。大多數儲存庫和資料集會定義可接受使用方式的授權條款。此外，歸功於您最終使用的所有來源，並最好引用其原作。

在為專案投入大量資源之前，先建立一個令人信服的概念通常是一個好主意。例如，在投入時間和金錢來標籤資料之前，我們需要先說服自己能否建立一個從上述資料中學習的模型。

那麼，我們要如何找到有效率的開始方式呢？就像我們將在本書中介紹的大多數主題一樣，它包括兩個主要部分：資料和程式碼。

開放資料

您未必總能夠找到符合您需求的資料集，但是您可以找到本質上相似的資料集來幫助您。在這種情況下，相似的資料集代表什麼意義？在這裡，將 ML 模型思考為輸入到輸出的映射會很有幫助。考慮到這一點，相似的資料集只表示具有相似輸入和輸出類型（但指的不一定是領域）的資料集。

使用相似輸入和輸出的模型通常可以應用在完全不同的脈絡。圖 2-3 的左側是兩個模型，它們都根據圖像輸入預測文字序列，一種用於描述照片，另一種用於從該網站的螢幕截圖生成 HTML 程式碼。在圖 2-3 的右側同樣地顯示了一個模型，這個模型透過英文敘述來預測食物的類型，而另一個模型則透過音樂採譜（transcription）來預測音樂的類型。

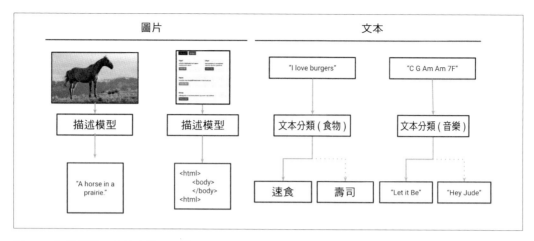

圖 2-3 有相似輸入和輸出的不同模型

舉例來說：我們正嘗試建立一個用來預測新聞報導收視率的模型，但我們正在努力尋找新聞報導和相關觀看次數的資料集，我們就可以從 Wikipedia 網頁流量統計（*https://oreil.ly/PdwgN*）的可公開取用資料集開始，然後在上面訓練預測模型。如果我們對它的效能感到滿意，則可以合理地認為，當給定新聞報導的觀看次數資料集時，我們的模型可以表現得相當好。尋找類似的資料集可以幫助我們證明方法的有效性，並使花費資源所獲取的資料更加合理。

處理專有資料時，此方法也適用。執行預測任務通常所需的資料集可能不容易取得，在某些情況下，您需要的資料還沒被收集到，所以能夠在相似資料集上建立表現良好的模型，通常是說服利益相關者建立新穎的資料收集管線，或推進現有資料收集管線的最佳方法。

對於可公開取得的資料，新資料來源和相關整合會定期出現。以下是一些我發現有用的資料集網站：

- Internet archive（*https://oreil.ly/tIjl9*）維護了一組資料集，包括：網站資料、影片和書籍。

- subreddit r/datasets（*http://reddit.com/r/datasets*）致力於共享資料集。

- Kaggle's Datasets 頁面（*https://www.kaggle.com/datasets*）提供了大量各種領域的資料選集。

- UCI Machine Learning Repository（*https://oreil.ly/BXLA5*）有 龐 大 資 源 的 ML 資料集。

- Google 的資料集搜尋（*https://oreil.ly/Gpv8S*）涵蓋了大量可取用資料集的可搜索索引。

- Common Crawl（*https://commoncrawl.org*）從網路上爬取和儲存資料，並使結果公開可用。

- Wikipedia 也有大量持續發展的 ML 研究資料集（*https://oreil.ly/kXGiz*）。

對於大多數的使用案例，這些來源之一將為您提供足夠相似於您所需的資料集。

在這種**表面相關**的資料集上訓練模型，將使您能夠快速原型化並驗證結果。在某些情況下，您甚至可以在這種表面相關資料集中訓練模型，並將其部分表現轉移到您的最終資料集中（有關更多描述，請參見第 4 章）。

當確定要開始使用哪個資料集，就可以把注意力放到模型的部分。雖然從頭開始建立自己的管線很吸引人，但也需要觀察一下其他人做過什麼。

開源程式碼

搜尋現有程式碼可以實現兩個高層次目標，第一是讓我們了解其他人在進行類似的建模時遇到了哪些挑戰，第二是在特定資料集中呈現了什麼潛在問題。基於這些原因，我建議您同時尋找能處理產品目標的管線，以及能用於您資料集的程式碼。如果您找到了範例程式，第一步是自己再製其結果。

我看到許多資料科學家試圖利用他們在網路上找到的 ML 程式碼，也發現他們無法將給定的模型訓練到作者主張的相似精準度水準。由於新方法未必伴隨著建檔完善且功能良好的程式碼，所以 ML 的建模結果通常難以重現，因此應進行驗證。

與資料搜尋相似，找到相似程式碼庫的一種好方法是將問題抽象化為輸入和輸出的類型，並找到處理相似類型問題的程式碼庫。

舉例來說，當嘗試從網站的螢幕截圖生成 HTML 程式碼時，論文「pix2code: Generating Code from a Graphical User Interface Screenshot」（*https://oreil.ly/rTQyD*）的作者 Tony Beltramelli，意識到這可以歸結為一個從圖像轉換到序列的問題。他利用了一個也能從圖像產生序列的現有架構和最佳做法，它來自一個更成熟的領域，就是圖像描述

（image captioning）！這使他在一項全新的任務中獲得了出色的成績，並讓他能在相似的應用程式中利用此領域累積多年的成果。

當檢查完資料與程式碼後，您就可以繼續前進了。理想情況下，此過程為您提供了一些指引，以開始您的工作並獲得關於應用問題更細緻的觀點。讓我們總結一下在進行完前面的工作後您會發現的情況。

兩者並用

正如我們剛剛討論的那樣，利用現有的開源碼和資料集有助於加快實作的速度。在最壞的情況下，如果沒有任何一個現有的模型在開放的資料集上表現良好，那麼您至少現在知道這個專案將需要大量的建模或資料收集工作，或兩者都要做。

如果您找到了一個可以解決相似任務的現有模型，並在模型原先訓練用的資料集上再次訓練，剩下的工作就是把它們應用到您的領域了。為此，我建議您執行以下步驟：

1   找到一個相似的開源模型，最好將它與當時訓練用的資料集配對，並嘗試自己再製訓練結果。

2   當再製結果後，找到一個更接近您使用的資料集案例，並嘗試在該資料集上訓練先前的模型。

3   將資料集整合到訓練程式碼後，就該判斷您的模型如何使用您定義的指標並開始進行疊代。

從第二部分開始，我們將探索每個步驟的陷阱以及如何克服它們。現在，讓我們回到案例研究並回顧我們剛剛描述的過程。

規劃 ML 寫作輔助編輯器

讓我們檢查常見的寫作建議，並為 ML 寫作輔助編輯器搜尋一些可用的資料集和模型。

一個編輯器的初步計畫

我們應該從常見寫作準則的啟發式方法開始。我們會透過搜尋現有的寫作和編輯指南來收集這些規則，如第 18 頁「最簡單的方法：從演算法的角度」中所述。

理想的資料集包含問題及它的品質。首先，我們應該快速找到一個容易取得的相似資料集。基於這個資料集所觀察到的表現，如有需要，我們再去擴展和加深搜尋資料集。

社群媒體的貼文和線上論壇是文本與品質指標關聯的很好範例，由於這些指標中大多數都存在對有用內容的偏好，它們通常包括了品質指標，例如「讚」或「贊同」。

Stack Exchange（*https://stackexchange.com/*）是一個廣受歡迎的問答網站，Internet Archive（*https://oreil.ly/NR6iQ*）上還有 Stack Exchange 的整個匿名資料匯出，這是我們前面提到的資料集網站之一，這是一個適合開始的資料集。

我們可以透過使用 Stack Exchange 上的問題來預測問題的最高評分以建構初始模型。我們也利用這個機會瀏覽資料集並對它們進行標籤，以找到合適的模式。

我們要建立的模型會嘗試對文本品質進行準確分類，然後提供寫作建議。有許多開源模型是專用於文本分類的，請查看這個主題的熱門 Python ML 函式庫 scikit-learn 的教程（*https://oreil.ly/y6Qdp*）。

有了有效的分類器後，我們會在第 7 章中介紹如何利用它提供建議。

現在我們有了一個可能的初始資料集，讓我們接著來看模型並決定應該從什麼開始。

始終從一個簡單的模型開始

本章的主要內容是建立初始模型和資料集，目的是產生包含很多資訊的成果，這些成果會引導我們做進一步的建模和資料收集工作，以開發出更有用的產品。

從一個簡單的模型開始，提取使 Stack Overflow 問題成功的傾向原因，我們可以快速衡量它的效能並對它進行疊代。

反之，嘗試從頭開始建構一個完美的模型事實上是沒有用的，這是因為 ML 是一個疊代過程，取得進展最快的方法就是去看看模型如何失敗，當模型失敗的速度越快，您就會獲得更多的進步。我們將在第三部分更詳細地介紹這個疊代的過程。

然而，我們應該去記得每種方法的注意事項。例如：一個問題的參與度不僅取決於它文字表達的品質，還有更多其他的因素，貼文的脈絡、發佈貼文的社群、貼文的熱門程度、發佈貼文的時間，以及初始模型忽略的許多其他細節也非常重要。我們將這些因素納入考量後，將資料集限制為社群的子集。我們的第一個模型將忽略與貼文相關的所有詮釋資料（metadata），但是如果有必要我們會考慮將其整併。

因此，我們的模型使用了**弱標籤**，這個標籤僅與我們的目標相關。在分析模型的效能表現時，我們會確定這個標籤是否包含足夠的資訊以使模型有用。

然後，我們有了一個起點，現在我們可以決定如何前進。因為建模的不可預測性，在 ML 中取得規律的進展通常看起來很困難，很難提前知道特定的建模方法可以有多大程度的成功，因此，我想分享一些技巧來幫助大家取得穩定的進展。

達成定期的進展：從簡單的開始

值得重複提醒的是，ML 中的許多挑戰都與軟體中最大的挑戰之一相似——克制建構多餘部分的衝動。許多 ML 專案的失敗是因為它們依賴於初始資料的取得和模型建構的計畫，而且沒有定期評估和更新計畫。由於 ML 的本質是隨機的，很難預測特定資料集或模型會帶我們到什麼程度。

因此，**非常重要**的是從最簡單的模型開始，它可以滿足您的需求、建立包括模型的完整原型，以及依據最佳化指標和產品目標來判斷其效能。

從簡單的管線開始

在絕大多數情況下，查看初始資料集上簡單模型的效能，是決定下一步如何解決任務的最佳方法。然後，目標是對以下每個步驟都重複這個方法，來進行容易追蹤的小幅改進，而不是一次就想建好完善的模型。

為此，我們會需要建立一個可以接收資料與回傳結果的管線。對於大多數 ML 的問題來說，實際上只需要考慮以下兩個獨立的管線。

訓練

為了使模型能夠做出準確的預測，您首先需要對它進行訓練。

訓練管線會接收您要訓練的所有已標籤資料（某些任務的資料集可能太大，導致無法容納在單台機器上），再將它傳送給模型。然後，在資料集上訓練模型，直到它能夠達到我們滿意的表現。大多數情況下，訓練管線是用於訓練多個模型，並在事先保留的驗證資料集中比較它們的效能。

推論

這是您生產環境的管線。它為您的使用者提供已訓練模型的結果。

從較高的角度上來看，推論管線首先要接收輸入資料並對它進行預處理。預處理階段通常包含多個步驟。最常見的是，這些步驟將包括清理和驗證輸入、產生模型所需的特徵，以及將資料格式化為適合 ML 模型的數值表示形式。更複雜系統中的管線通常還需要獲取模型所需的其他資訊，例如：儲存在資料庫中的使用者特徵。然後，管線透過模型運行資料，應用所有後處理邏輯，然後回傳結果。

圖 2-4 呈現了典型的訓練和推論管線的流程圖。在理想情況下，訓練和推論管線的清理和預處理步驟應相同，以確保訓練後的模型在推論時接收具有相同格式和特徵的資料。

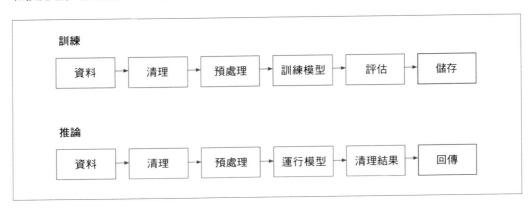

圖 2-4　訓練和推論管線是互補的

建立不同模型的管線時會關注不同的點，但是一般而言，高水準的基礎設施保持相對穩定。這就是為什麼從完整建立訓練和推論管線開始是有價值的，它能快速評估第 21 頁「Monica Rogati：如何選擇並安排 ML 專案中的優先次序」中 Monica Rogati 所提產品影響力瓶頸的原因。

大多數管線具有相似的高層次結構，但是因為資料集結構的差異，功能本身通常沒有任何共同點，那就讓我們看看編輯器的管線來說明這一點吧。

用於 ML 寫作輔助編輯器的管線

對於寫作輔助編輯器而言，我們使用 ML 中的常用語言 Python 來建立訓練和推論管線。第一個模型的目標是建立一個完整的管線，而不必太在乎其完善性。

在任何費時的工作中它都應該被完成，我們可以並且**將**重新審視其中的一部分以進行改進。為了進行訓練，我們將撰寫一個相當標準而且可以廣泛適用於許多 ML 問題的管線，並具有一些功能，主要如下：

- 讀取資料的記錄。

- 必要時，透過刪除不完整的記錄和輸入的遺失值來清理資料。

- 以模型可以理解的方式預處理和格式化資料。

- 刪除一組不會用來訓練而是用於驗證模型結果的資料（驗證集）。

- 根據給定的資料子集來訓練模型，並回傳訓練後的模型和摘要統計。

為了進行推論，我們將利用訓練管線中的一些功能以及撰寫一些自定義功能。在理想情況下，我們需要以下功能：

- 讀取經過訓練的模型並將它保存在記憶體中（以提供更快速的結果）

- 預處理（理由與訓練一樣）

- 收集任何有關的外部資訊

- 透過模型傳遞一個例子（推論的功能）

- 輸出結果會進行後處理以清理它，然後再提供給使用者

管線通常最容易視覺化為流程圖，如圖 2-5 所示的流程圖。

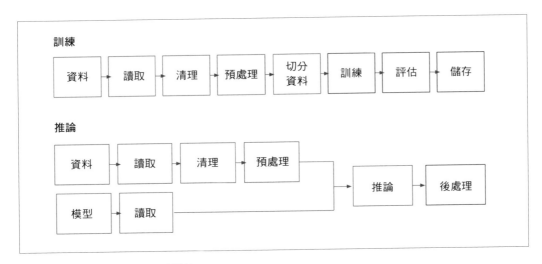

圖 2-5 ML 寫作輔助編輯器的管線

此外,我們將撰寫各種分析和探索資料的功能來幫助我們診斷問題,比如:

- 資料視覺化的功能,模型表現最佳和最差的例子
- 探索資料的功能
- 探索模型結果的功能

許多管線包含驗證模型輸入並檢查其最終輸出的步驟,正如您將在第 10 章中所見,此類檢查有助於除錯,並在將結果顯示給使用者之前捕獲任何不好的結果,進而確保應用程式的品質水準。

請記住當使用 ML 時,沒見過資料的模型輸出通常是不可預測的,而且常常不是那麼令人滿意的。因此,重要的是要認知到模型不會總是有效的,而且圍繞在這種潛在的錯誤建構系統。

總結

目前我們已經看到如何去定義核心指標，進而使我們可以比較完全不同的模型，並了解它們之間的權衡。我們介紹了可用於加快前幾個管線建構過程的資源和方法。然後，我們概述了為獲得初步結果而需要在每個管線中建立的內容。

現在，我們有了一個以 ML 問題為架構的構想、一種衡量進度的方法與一項初步的計畫。現在是時候深入研究如何實作了。

在第二部分，我們將更深入去探討如何建立第一個管線、探索和視覺化初始資料集。

建立一個工作管線

由於研究、訓練和評估模型是一個耗時的過程，所以在 ML 中朝錯誤方向發展的代價可能會非常高。因此，本書會著重在降低風險並確認最優先的工作項目。

第一部分強調最大程度地提升我們的速度和成功機會的計畫，而本章節將深入探討實作。如圖 II-1 所示，在 ML 中，就像在許多軟體工程一樣，您應該儘早完成一個最小可行產品（minimum viable product，MVP）。本節會專注介紹以下內容：使管線就緒並進行評估的最快方法。

而改善前述模型是本書第三部分的重點。

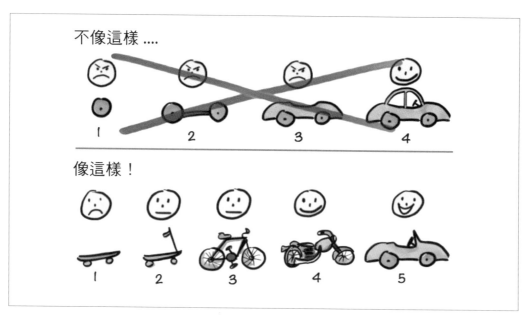

圖 II-1 建立第一個管線的正確方法（經 Henrik Kniberg 允許複製）

我們將分成兩步驟建立初始模型：

第 3 章

在本章中，我們將建立應用程式的結構和鷹架，這將會涉及建立一個接收使用者輸入並回傳建議的管線，以及一個在使用模型之前進行訓練的單獨管線。

第 4 章

在本章中，我們將著重於收集和檢查初始資料集，目標是快速識別出資料中的模式，並預測其中哪些模式對我們的模型具有預測性和實用性。

建立您的第一個端對端管線

在第一部分中，我們開始介紹如何從產品需求到選擇建模的方法。然後，我們進入計畫階段，描述了如何找到相關資源並利用它們來制定初步計畫。最後我們討論到，為何建立一個可運作系統的初始原型是取得進展的最好方式，而這就是本章要進一步介紹的內容。

刻意地進行第一次疊代是乏味的，但它的目標是使我們能夠準備好管線中的每個部分，以便我們可以優先確定接下來要改進的部分。擁有完整的原型是 Monica Rogati 在第 21 頁「Monica Rogati：如何選擇並安排 ML 專案中的優先次序」中提到辨別出產品影響力瓶頸的最簡單方法。

讓我們從建立最簡單的管線開始，這個管線可以根據輸入產生預測。

最簡單的鷹架

在第 40 頁「從簡單的管線開始」中，我們描述了大多數 ML 模型如何由訓練和推論的兩個管線所組成：訓練使我們能夠產生高品質的模型；而推論就是將結果提供給使用者。有關訓練和推論彼此差異的更多資訊，請參見第 40 頁「從簡單的管線開始」。

對於應用程式的第一個原型，我們注重在能夠將結果交付給使用者，這代表在第 2 章描述的兩個管線中，我們將從推論管線開始。這會使我們能夠快速檢視使用者如何與模型的輸出互動，進而收集有用的資訊使模型訓練更容易。

如果我們只專注於推論，將會忽略訓練，但因為我們沒有訓練模型，所以我們可以撰寫一些簡單的規則。撰寫這類規則或啟發式方法通常是好的開始，也是建立原型的最快方法，它使我們能夠立即看到完整應用程式的簡化版本。

如果我們無論如何都要實作 ML 解決方案，就算這似乎都是多餘的（正如我們稍後將在書中描述），但 ML 仍是很重要的強制功能，它使我們能夠面對問題並設計一組如何最好地解決問題的初始假設集。

建立疊代模型過程的核心部分是建立、驗證和更新最佳建模方法的假設，這個過程甚至始於我們建立第一個模型之前！

 以下是我在 Insight Data Science 指導成員專案時，看到他們使用啟發式方法的傑出範例。

- **程式碼品質的評估**：當我們要建立一個從一段程式碼預測程式設計師是否能在 HackerRank（一個競爭性程式設計網站）上表現良好的模型時，Daniel 首先計算了左和右小括號、中括號和大括號的數量，因為在大多數適當的運行程式碼中，左括號和右括號的數量是一致的，所以這個規則證明是一個很好的基線。

  此外，這給了他一個直覺，使他的建模著重在使用抽象語法樹（abstract syntax tree）（*https://oreil.ly/L0ZFk*）來捕捉程式碼相關的更多結構資訊。

- **計算樹木量**：當試圖透過衛星圖像來計算城市中的樹木時，經查看了一些資料後，Mike 首先設計了一個規則，這個規則會根據給定圖像中綠色像素的比例來估算樹木密度。

  事實證明，這種方法適用於分散的樹木，但在樹木叢中卻失敗了，同樣地，這有助於定義接下來的建模步驟：把重點放在建立可以處理密集樹木的管線。

大多數 ML 專案都應該以類似的啟發式方法開始，關鍵是記得要在專業知識和資料探索的基礎上進行設計，以確認初始假設並加快疊代速度。

當有了啟發式方法，您就可以創建一個能收集輸入、預處理、應用您的規則並提供結果的管線，這就像您從終端機或網頁應用程式中使用 Python 腳本（script）一樣簡單。這個腳本可以收集使用者的相機輸入，然後提供即時的結果。

這裡的重點是，您為產品與為 ML 方法做的事是相同的：盡可能地簡化並建構它，讓您擁有一個簡單的功能性版本，這通常被稱為最小可行產品（MVP），而且這是一種經過實際測試、能盡快獲得有用結果的方法。

ML 寫作輔助編輯器的原型

對我們的 ML 寫作輔助編輯器而言，我們會利用常見的編輯建議來制定一些關於問題好壞原因的規則，並將這些規則產生的結果呈現給使用者。

對於一個透過指令取得使用者輸入並回傳建議的專案最小版本，我們只需要撰寫四個函式，如下所示：

```
input_text = parse_arguments()
processed = clean_input(input_text)
tokenized_sentences = preprocess_input(processed)
suggestions = get_suggestions(tokenized_sentences)
```

讓我們深入探討每一個函式吧！我們會使用簡單的參數解析器函式，並從獲取一個使用者的文本開始，沒有其他選擇。您可以在本書的 GitHub 儲存庫（*https:// oreil.ly/ml-powered-applications*）中找到此範例以及書中其他的範例程式。

解析和清理資料

首先，我們簡單地解析來自指令的輸入資料，這用 Python 撰寫起來相對容易。

```
def parse_arguments():
    """

    :return: The text to be edited
    """
    parser = argparse.ArgumentParser(
        description="Receive text to be edited"
    )
    parser.add_argument(
        'text',
        metavar='input text',
        type=str
    )
    args = parser.parse_args()
    return args.text
```

當模型在使用者輸入下運行時，不論何時，您都應該先進行驗證！在本範例中，使用者會輸入資料，所以我們要確保他們的輸入包含可以解析的字元。為了清理輸入資料，我們會刪除非 ASCII 字元。

此處不應該過多地限制使用者的創造力，同時讓我們能對文本內容做出合理的假設。

```python
def clean_input(text):
    """

    :param text: 使用者輸入的文本
    :return: 清理過的文本，不包含非 ASCII 字元
    """
    # 為了讓事情在一開始就簡單，我們只保留了 ASCII 字元
    return str(text.encode().decode('ascii', errors='ignore'))
```

現在，我們需要預處理輸入並提供建議，讓我們開始吧，我們會參考第 18 頁「最簡單的方法：從演算法的角度」中提到有關文本分類的一些現有研究。這包含對例如：「told」和「said」之類的單詞計算音節、單詞和句子的摘要統計以評估語句的複雜度。

要計算單詞級的統計資訊，我們要能從句子中辨識單詞。在自然語言處理（natural language processing，NLP）的領域中，這稱為**分詞**（*tokenization*）。

文本分詞

分詞並不簡單，您大多數能想到的簡單方法（例如：根據空格或句點將輸入分成單詞）在現實文本中都會失敗，因為單詞的切分方式非常多樣。考慮一下這句 Stanford 大學 NLP 課程（*https://oreil.ly/vdrZW*）提供的範例，例如：

「Mr. O'Neill thinks that the boys' stories about Chile's capital aren't amusing.」

由於存在各種含意的句號和撇號（apostrophes），因此大部分簡單的方法用在此句子上都會失敗。不過，我們不需要建立自己的分詞器，因為我們可以利用 nltk（*https://www.nltk.org/*）。nltk 是一個受歡迎的開源函式庫，它使我們可以透過兩個簡單的步驟來做到這一點，如下所示：

```python
def preprocess_input(text):
    """

    :param text: 清理過的文本
    :return: 將語句分詞後，準備好能開始分析的文本
```

```
    """
    sentences = nltk.sent_tokenize(text)
    tokens = [nltk.word_tokenize(sentence) for sentence in sentences]
    return tokens
```

當我們的輸出已經預處理過，我們就可以拿它來產生有助於判斷問題品質的特徵。

生成特徵

最後一步是撰寫一些規則，並使用這些規則向使用者提供建議。對於這個簡單的原型，我們會從計算一些常見動詞和連接詞的出現頻率開始，然後計算副詞的使用情況，並決定 Flesch 可讀性評分（*https://oreil.ly/iKhmk*）。接著，我們會將這些指標的報告回傳給我們的使用者：

```
def get_suggestions(sentence_list):
    """
    回傳一個包含建議的字串
    :param sentence_list: 句子串列，其中的每個元素是單詞的串列
    :return: 輸入文本的改善建議
    """
    told_said_usage = sum(
        (count_word_usage(tokens, ["told", "said"]) for tokens in sentence_list)
    )
    but_and_usage = sum(
        (count_word_usage(tokens, ["but", "and"]) for tokens in sentence_list)
    )
    wh_adverbs_usage = sum(
        (
            count_word_usage(
                tokens,
                [
                    "when",
                    "where",
                    "why",
                    "whence",
                    "whereby",
                    "wherein",
                    "whereupon",
                ],
            )
            for tokens in sentence_list
        )
    )
```

```
result_str = ""
adverb_usage = "Adverb usage: %s told/said, %s but/and, %s wh adverbs" % (
    told_said_usage,
    but_and_usage,
    wh_adverbs_usage,
)
result_str += adverb_usage
average_word_length = compute_total_average_word_length(sentence_list)
unique_words_fraction = compute_total_unique_words_fraction(sentence_list)

word_stats = "Average word length %.2f, fraction of unique words %.2f" % (
    average_word_length,
    unique_words_fraction,
)
# 使用 HTML 換行標籤使後續能顯示在網頁應用程式上
result_str += "<br/>"
result_str += word_stats

number_of_syllables = count_total_syllables(sentence_list)
number_of_words = count_total_words(sentence_list)
number_of_sentences = len(sentence_list)

syllable_counts = "%d syllables, %d words, %d sentences" % (
    number_of_syllables,
    number_of_words,
    number_of_sentences,
)
result_str += "<br/>"
result_str += syllable_counts

flesch_score = compute_flesch_reading_ease(
    number_of_syllables, number_of_words, number_of_sentences
)

flesch = "%d syllables, %.2f flesch score: %s" % (
    number_of_syllables,
    flesch_score,
    get_reading_level_from_flesch(flesch_score),
)

result_str += "<br/>"
result_str += flesch

return result_str
```

瞧，我們現在可以從指令呼叫我們的應用程式，並即時查看結果。雖然它還不是很有用，但是我們已經有一個能測試並進行疊代的起點，接下來我們將進行下一步。

測試您的工作流程

現在，我們已經建構了這個原型，我們可以測試解決問題方法的假設以及它多有用。在本節中，我們將看一下初步規則的客觀品質，並檢查我們是否以有效的方式呈現我們的輸出。

如同 Monica Rogati 先前分享的：「即使您的模型成功，您的產品往往也可能會無法運作。」如果我們選擇的方法善於測量問題的品質，但我們的產品沒有為使用者提供任何建議以改善他們的寫作。那麼就算我們的方法品質很高，我們的產品也是沒有用處的。因此，查看完整的管線以同時評估目前使用者經驗的有用性，以及我們手動製作的模型結果。

使用者經驗

首先我們來檢視產品的使用滿意度如何，但我們先不考慮模型品質。換句話說，如果想像我們最後會獲得效能夠好的模型，模型向使用者呈現結果的方法是最有效的嗎？

例如：如果我們要進行樹木普查，則我們可能會希望以整個城市的長期分析摘要來呈現成果，可能要包含樹木數量、每個鄰近區的分區統計，以及黃金標準測試集上的誤差衡量。

換言之，我們希望確保提供的結果是有用的（或如果我們改進模型後是有用的）。另一方面，當然我們也希望模型表現良好，這是接下來要評估的面向。

建模結果

我們在第 25 頁「評估成功」中提到了關注正確指標的價值，提早擁有可運作的原型使我們能夠辨別並疊代所選的指標，以確保它們能代表產品的成功。

例如：如果我們要建立一個系統來幫助使用者搜尋附近的租車，則可以使用諸如折扣累積增益（discounted cumulative gain，DCG）之類的指標，當最相關的項目比其他項目更早回傳時，DCG 會給予最高分數以衡量排名的品質（有關排名指標的更多資訊，請參考維基百科上 DCG 的文章（*https://oreil.ly/b_8Xq*）。最初建立工具時，我們也許已經假設在前五個結果之中至少有一個有用的建議。因此，我們在推薦數量是 5 時使用 DCG 對模型進行評分。不過，實際讓使用者試用這個工具時，我們可能會注意到使用者僅考慮前三個顯示的結果。在這種情況下，我們應該將成功指標 DCG 中的 5 更改為 3。

我們需要同時考慮使用者經驗和模型效能，目的是確保我們在最有影響力的面向上進行工作。如果您的使用者經驗不佳，那麼改進模型將無濟於事。事實上，您可能會意識到使用完全不同的模型會更好！讓我們來看一下以下兩個例子。

尋找影響力瓶頸

查看建模結果和目前產品展示內容，目的是確定下一步要應對的挑戰，大多時候這指的是疊代我們呈現結果給使用者的方式（這可能代表更改訓練模型的方式），或是透過辨識出關鍵故障點以提高模型效能。

雖然我們將在第三部分中深入探討錯誤分析，但我們應該辨識出故障模式和解決它的適當方法。不論在建模或在產品領域，決定要執行的任務是否最具影響力都是重要的，因為它們各自需要不同的補救措施。讓我們分別來看以下例子：

在產品端

假設您已經建立了一個模型，這個模型可以查看研究論文中的圖片，並預測它們是否會被頂級會議接受（請參閱 Jia-Bin Huang 的論文「Deep Paper Gestalt」（*https://oreil.ly/RRfIN*）處理了這個問題）。但是，您已經注意到了，僅僅向使用者回傳一個論文被拒絕的機率是多少，這並不是最令人滿意的輸出。在這種情況下，改善模型並**沒有**幫助，著重在從模型中提取建議是更有意義的，這樣我們就可以幫助使用者改善論文並增加被接受的機會。

在模型端

您已經建立了信用評分模型，並注意到在其他所有因素相同的情況下，該模型會判斷特定族群有更高的違約風險，這可能是由於您使用的訓練資料存在著偏見。因此您應該收集更具代表性的資料，並建立新的清理和擴充管線以嘗試解決此問題。在這種情況下，無論您以何種方式呈現結果，都**需要修正模型**。這種例子很常見，所以您永遠要比彙總指標更深入地研究模型對資料不同部分的影響，這就是我們在第 5 章中要進行的。

為了進一步說明這點，讓我們來看一下 ML 寫作輔助編輯器的練習。

評估 ML 寫作輔助編輯器的原型

讓我們看看初始管線在使用者經驗和模型效能方面的表現如何。首先，向我們的應用餵入一些輸入，然後我們會從測試一個簡單的問題、一個冗長的問題和一個完整的段落開始。

由於我們使用的是閱讀容易度來評分，所以理想情況下，希望我們的工作流程是回傳高分給簡單的句子、回傳低分給冗長的句子，並建議改進段落。讓我們透過編輯器的原型來實際運行一些例子吧。

簡單的問題：

```
$ python ml_editor.py  "Is this workflow any good?"
Adverb usage: 0 told/said, 0 but/and, 0 wh adverbs
Average word length 3.67, fraction of unique words 1.00
6 syllables, 5 words, 1 sentences
6 syllables, 100.26 flesch score: Very easy to read
```

冗長的問題：

```
$ python ml_editor.py  "Here is a needlessly obscure question, that"\
"does not provide clearly which information it would"\
"like to acquire, does it?"

Adverb usage: 0 told/said, 0 but/and, 0 wh adverbs
Average word length 4.86, fraction of unique words 0.90
30 syllables, 18 words, 1 sentences
30 syllables, 47.58 flesch score: Difficult to read
```

完整的段落：（您之後會較早認識到的類型）

```
$ python ml_editor.py "Ideally, we would like our workflow to return a positive"\
" score for the simple sentence, a negative score for the convoluted one, and "\
"suggestions for improving our paragraph. Is that the case already?"
Adverb usage: 0 told/said, 1 but/and, 0 wh adverbs
Average word length 4.03, fraction of unique words 0.76
52 syllables, 33 words, 2 sentences
52 syllables, 56.79 flesch score: Fairly difficult to read
```

讓我們使用剛剛定義的兩個面向來檢視這些結果吧。

模型

目前仍不清楚結果是否與我們認為的高品質寫作是一致的，因為複雜的句子和整個段落的可讀性得分相似。現在，我會先承認我的文章有時候可能很難閱讀，但與我們之前測試過的複雜句子相比，先前的段落更容易理解。

我們從文本中提取的屬性不一定與「好的寫作」最相關，這通常是因為對成功的定義不夠清晰：給定兩個問題，我們怎麼能說一個比另一個更好？當我們在下一章中建立資料集時，我們會對它進行更清楚的定義。

一如預期，我們還需要做一些建模工作。但是我們能否以一種有效的方式來呈現結果呢？

使用者經驗

從前面呈現的結果來看，有兩個問題是顯而易見的，第一個是我們回傳的資訊既龐大又無關緊要；第二個是我們的產品目標是向使用者提供可行的建議，特徵和可讀性分數雖然是一種品質指標，但不會幫助使用者決定如何改善他們提交的內容。我們也許希望將我們的建議歸結到一個分數，並附上其他可行的建議以改善分數。

例如：我們可以建議一般性的修改，像是使用較少的副詞，或者透過建議單詞和句子級的更改，以更細緻的標準來運作。在理想的情況下，我們可以透過強調或畫線需要使用者注意的輸入部分來呈現結果。我在圖 3-1 中增加了它如何呈現結果的樣品。

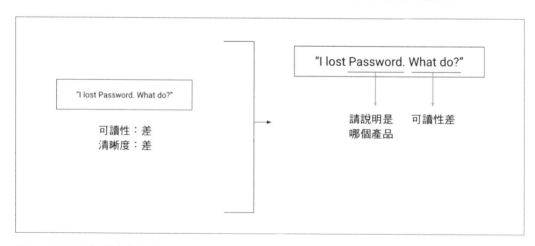

圖 3-1 更多可行的寫作建議

即使我們不能直接在輸入字串中強調建議，我們的產品也可以透過提供類似於圖 3-1 右側的建議而受益，這些實際建議比分數列表更可行。

總結

我們已經建立了一個初始的推論原型，並用它來評估我們啟發式方法的品質和產品的工作流程。這使我們能夠縮小效能標準的範圍，並疊代向使用者呈現結果的方式。

我們已經了解到對於 ML 寫作輔助編輯器來說，我們不僅應該著重在給予可行的建議，以提供更好的使用者經驗，還應該透過觀察資料以更清楚如何定義一個好問題，進而改善我們的建模方法。

在前三章中，我們已經使用產品目標去定義一開始應該採取哪種方法，並探索了現有的資源來為我們的方法制定一個計畫，以及建構了初始原型來驗證計畫和假設。

現在是時候深入研究 ML 專案中通常最容易被忽視的部分了——探索我們的資料集。在第 4 章中，我們將會看到如何收集初始資料集、評估其品質並疊代地標籤它的子資料集，以助於引導我們的特徵生成和建模決策。

取得初始資料集

當您制定了產品需求的解決方案,並建立了初始原型以驗證所提出的工作流程和模型是否合理,就可以對資料集進行更深入的研究了。我們能從資料中的發現來告訴我們的建模決策,所以很好地理解您的資料通常能帶來最大的成效。

在本章中,我們會從尋找有效判斷資料集品質的方法開始。接著,我們將介紹向量化資料的方法,以及如何使用所述向量表示法來更有效地標籤和檢查資料集。最後,我們會介紹這項檢查可以如何引導特徵生成的策略。

讓我們從探索資料集並判斷其品質開始吧。

疊代資料集

打造 ML 產品的最快方法是快速建立、評估和疊代模型,而資料集本身是模型成功的核心部分,所以像建模一樣,資料收集、準備和標籤也都應該被視為疊代的過程。從一個您可以立即收集到的簡單資料集開始,並以開放的心胸根據您之前所學來改善它。

一開始,這種對資料的疊代方法看起來似乎令人困惑。在 ML 研究的社群中,通常會以不可變的標準資料集效能作為衡量基準。而在傳統軟體工程中,我們會為程式撰寫確定的規則,所以我們將資料視為是要接收、處理和儲存的。

ML 工程結合了工程和 ML 來打造產品，因此，我們的資料集只是讓我們打造產品的另一種工具。選擇一個初始資料集，並定期更新和擴充它通常是 ML 工程中的**主要工作**。研究和產業的工作流程差異，如圖 4-1 所示。

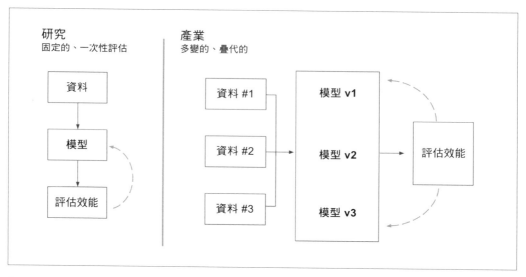

圖 4-1 資料集在研究中是固定不變的，但在產業中則是產品的一部分

將資料視為產品的一部分，您可以（並且應該）疊代、改變並改善資料，這對於產業界的新人來說通常是一個巨大的典範轉移（paradigm shift）。但是，一旦您習慣了，資料將會成為您開發新模型的最佳靈感來源，也是出現錯誤時您尋找答案的第一個地方。

進行資料科學

已經數不清有多少次，我看到打造 ML 產品的主要障礙在於選擇資料集的過程，部分原因是相對缺乏這個主題相關的教育（大多數線上課程提供資料集並專注於模型訓練），這導致許多從業者害怕這部分的工作。

在玩有趣的模型之前，很容易把處理資料視為一項繁瑣的工作，但其實模型只是作為從現有資料中提取趨勢和模式的一種方法。因此，確保我們所使用的資料呈現出足以預測的模式，以供模型使用（並檢查是否包含明顯的偏見），這是資料科學家的基本工作（事實上，您可能已經注意到角色名稱不是模型科學家）。

本章重點會放在介紹這個過程，從收集初始資料集到檢查並驗證它對 ML 的適用性。讓我們從有效率地探索資料集並判斷其品質開始吧。

探索您的第一個資料集

那麼我們如何去探索一個初始資料集呢？第一步當然是收集資料集，這是我看到從業者在尋找理想資料集時最容易卡住的地方。請記住，我們的目標是獲得一個簡單的資料集，以從中提取初步結果。與 ML 中其他部分一樣，從簡單處開始著手建構。

有效率、從小資料集著手

對於大多數 ML 問題，更多的資料能促使更好的模型，但這並不代表您應該從盡可能龐大的資料集上手。在開始一個專案時，一個小的資料集讓您能輕鬆地檢查和理解資料，以及如何更好地建模。您應該把目標設定為易於使用的初始資料集，只有在確定好策略之後，再擴展到更大的資料集才有意義。

如果您在一家公司中工作，而且在叢集（cluster）中儲存了好幾 TB 的資料，則您可以均勻取樣一個適合本地機器記憶體的的資料子集合開始。例如：如果您想開始進行業餘專案（side project），去嘗試辨識在您家門前經過的汽車品牌，請從數十個街道上的汽車圖片開始。

當您已經看見初始模型的效能以及它遇到困難的地方，您將能夠以一種有根據的方式來疊代資料集！

您可以在 Kaggle（*https://www.kaggle.com/*）或 Reddit（*https://www.reddit.com/r/datasets*）等平台上找到許多既有的資料集，或者自己收集一些資料，不論是爬取網路資料、利用 Common Crawl 網站（*https://commoncrawl.org*）上的大型開放資料集，或是自己生成資料！如果您需要更多資訊，請參見第 35 頁「開放資料」。

收集和分析資料不僅是必要的，而且可以加快您的速度，尤其是在專案開發的早期階段，查看您的資料集並了解其特徵是提出良好建模和特徵生成管線的最簡單方式。

大多數從業者高估了對模型進行處理的影響，並低估了對資料進行處理的價值，因此我始終建議要努力導正這種趨勢並使自己更重視查看資料。

當檢視資料時，最好以探索性的方式來確認趨勢，但您不應止步於此。如果您的目標是打造 ML 產品，那麼您應該問問自己，以自動化方式利用這些趨勢的最佳方法是什麼，這些趨勢如何幫助您驅動一個自動化產品？

洞察 vs. 產品

當您有了資料集之後，就可以深入研究並探索內容了。我們這樣做的時候，請記得用於分析和用於建立產品的資料探索之間是有所區別的。雖然兩者的目的都在提取並理解資料趨勢，但前者關注從趨勢中產生洞察（例如：了解到網站的詐欺登入大都在星期四發生，並且來自西雅圖地區）；而後者則是利用趨勢來建立特徵（使用試圖登入的時間及 IP 位址來建立防止詐欺帳戶登入的服務）。

儘管它們的差異看起來並不明顯，但這會導致打造產品的過程中產生額外一層複雜性。我們需要對資料中看到的模式有信心，因為這將會應用在我們未來接收到的資料上，並且對訓練資料和預期在生產環境中所收到資料的差異進行量化。

對於詐欺偵測，注意詐欺登入的季節性（seasonality）是第一步。然後，我們應該使用這種觀察到的季節性趨勢，來估算我們需要多頻繁地用最近收集到的資料來訓練模型。在本章節後段，當探索我們的資料時，我們將深入探討更多範例。

在注意到預測性的趨勢之前，我們應該從檢查資料品質開始，如果我們選擇的資料集不符合品質標準，則應該在建模前就改善它。

資料品質的準則

在本節中，我們將介紹一些在初次使用新資料集時要檢查的面向，每個資料集都有它自身的偏見和古怪之處，這需要依靠不同的工具來理解。因此撰寫一個涵蓋所有您可能希望在資料集中查看的可理解準則，這超出了本書的範圍。但是，有一些面向在初次接觸資料集時需要注意，讓我們從資料格式開始。

資料格式

資料集是否已經以一種清楚的輸入和輸出方式進行格式化，還是需要進行額外的預處理和標籤？

例如：在建立試圖預測使用者是否會點擊廣告的模型時，一個通用型資料集將會包含特定時間區段內所有點擊的歷史記錄。您需要先轉換此資料集，使它包含呈現給使用者廣告中的多個物件以及使用者是否實際點擊，此外，還希望資料集包含到任何您認為模型能利用的使用者特徵或廣告特徵。

如果您被給予了已經處理或彙整過的資料集，您應該先確認是否了解資料處理的方式。例如：如果給您一個包含平均轉換率的欄位，您是否能自己計算此轉換率並驗證它與提供的數值相符？

在一些情況下，您無法獲取需要的資訊來重現並驗證預處理步驟，因此，查看資料的品質會幫助您判斷信任的資料特徵，以及您最好忽略掉的特徵。

資料品質

在開始建模前，檢查資料集的品質非常重要，如果您知道某個關鍵特徵的值遺失了一半，則不需要花費數小時為模型除錯來試圖了解效能為何不佳。

資料品質差有很多種形式，它可能是遺失、不精確，甚至可能已經損壞。準確地了解其品質，不僅可以讓您估算出合理的效能水準，還可以更輕鬆地選擇要使用的可能特徵和模型。

如果您正以使用者活動日誌來預測線上產品的使用情況，您是否可以估算出有多少記錄過的事件遺失了？在您擁有的事件中，有多少只包含到使用者相關資訊的子集合？

如果您處理的是自然語言，您如何評估文本的品質？例如：有很多難以理解的字元嗎？拼字錯誤或不一致嗎？

如果您處理的是圖片，它們是否足夠清晰到由您自己也能執行此任務的程度？如果連您都很難辨識出圖片中的物體，您認為您的模型會不會也很難做到？

一般而言，您的資料中有多少比例看起來是雜訊或不正確？有多少是您難以詮釋或理解的輸入？如果資料帶有標籤，您傾向於同意它們嗎？還是發現自己經常質疑它們的準確度？

例如：我參與了一些目標是從衛星圖像中提取資訊的專案，在最佳的情況下，這些專案可以獲取帶有相對應標註的圖像資料集，這些標註表示了感興趣的物體（例如：場域或平面）。但是，在某些情況下，這些標註可能不準確甚至遺失，這些錯誤對任何建模方法都會產生重大影響，因此非常重要的是要及早發現它們。我們可以透過自己標籤初始資料集，或是找到可以使用的弱標籤來處理遺失的標籤，但是只有在**事先**注意到資料品質的情況下，我們才有辦法這樣做。

在檢驗了資料格式和品質之後，另一個步驟可以幫助您主動發現問題：檢查資料量和特徵分佈。

資料量與分佈

讓我們估算一下我們是否有足夠的資料，以及特徵值是否在合理範圍內。

我們有多少資料？如果我們有一個大資料集，則應選擇它的一個子集來開始進行分析。反之，如果我們的資料集太小或某些類別的代表性不足，則我們訓練的模型可能會像我們的資料一樣有偏差，避免這種偏差的最好方法就是透過資料收集和擴充以增加資料的多樣性。衡量資料品質的方法取決於您的資料集本身，但是表 4-1 中介紹了一些能讓您開始進行的問題。

表 4-1　資料品質的準則

品質	形式	數量及分佈
相關欄位是否是空的？	您的資料需要多少個預處理步驟？	您有多少筆資料？
是否存在潛在的測量錯誤？	您可以在產品中以相同的方式對資料進行預處理嗎？	每個類別有多少筆資料？有類別是沒有資料的嗎？

舉一個實際的例子，當建立一個自動將客服電子郵件分類到不同專業領域的模型時，與我一起工作的資料科學家 Alex Wahl 得到了九個都各只有一筆資料的類別，這樣的資料集太小，模型無法學習，因此他將大部分的精力放在資料生成策略上（*https://oreil.ly/KRn0B*）。他為每個類別使用通用公式的模板來產生數千個例子，然後模型就可以從中學習，這種策略設法建立了一個足夠複雜到能僅從九個例子中學習的模型。最後，他使管線中模型的準確度提升到了一個從未到達過的更高水準。

讓我們將此探索過程應用在為 ML 寫作輔助編輯器選擇的資料集上，並評估它的品質吧！

檢查 ML 寫作輔助編輯器的資料

對於我們的 ML 寫作輔助編輯器，我們最初決定使用匿名的 Stack Exchange Data Dump（*https://oreil.ly/6jCGY*）作為資料集，Stack Exchange 是一個由問答網站組成的網路，其中每個網站都關注諸如哲學或遊戲之類的主題，資料匯出包含許多檔案，每個檔案都是 Stack Exchange 網路中的每個網站。

對於我們的初始資料集，我們將選擇一個似乎包含了足夠廣泛問題的網站，可以讓我們從中建構出有用的啟發式方法。乍看之下，寫作社群（*https://writing.stackexchange.com/*）似乎很合適。

每個網站的檔案都以 XML 的文件格式提供，所以我們需要建立一個管線來接收它們並轉換為文本，然後從中提取特徵。以下範例顯示了 *datascience.stackexchange.com* 的 Posts.xml 文件：

```
<?xml version="1.0" encoding="utf-8"?>
<posts>
  <row Id="5" PostTypeId="1" CreationDate="2014-05-13T23:58:30.457"
Score="9" ViewCount="516" Body="&lt;p&gt; &quot;Hello World&quot; example? "
OwnerUserId="5" LastActivityDate="2014-05-14T00:36:31.077"
Title="How can I do simple machine learning without hard-coding behavior?"
Tags="&lt;machine-learning&gt;" AnswerCount="1" CommentCount="1" />
  <row Id="7" PostTypeId="1" AcceptedAnswerId="10" ... />
```

為了能夠利用這些資料，我們還需要能夠載入 XML 文件，解碼文本中的 HTML 標籤，並以更容易分析的格式（例如：pandas DataFrame）來呈現問題和相關資料，下面的函式就能做到這一點。提醒一下，此函式的程式碼以及本書中的所有其他程式碼都可以在 GitHub 儲存庫（*https://oreil.ly/ml-powered-applications*）中找到。

```
import xml.etree.ElementTree as ElT


def parse_xml_to_csv(path, save_path=None):
    """
    開啟貼文匯出的 .xml 檔並將文本轉成 csv 檔，在過程中進行分詞
    :param path: 包含貼文的 xml 文件路徑
    :return: 已處理過文字的 DataFrame
    """

    # 使用 Python 的標準函式庫來解析 XML 檔案
    doc = ElT.parse(path)
    root = doc.getroot()
```

```
# 每一列都是一個問題
all_rows = [row.attrib for row in root.findall("row")]

# 使用 tdqm 來顯示過程，因為預處理很花時間
for item in tqdm(all_rows):
    # 從 HTML 解碼文字
    soup = BeautifulSoup(item["Body"], features="html.parser")
    item["body_text"] = soup.get_text()

# 從我們的字典串列創建 DataFrame
df = pd.DataFrame.from_dict(all_rows)
if save_path:
    df.to_csv(save_path)
return df
```

即使是一個僅包含 30,000 個問題，相對較小的資料集，這個過程也要花費一分鐘以上的時間，因此我們將處理後的文件依序存回硬碟中，這樣就只需要處理一次就好。為此，我們可以簡單地使用 pandas 的 **to_csv** 函式，如程式碼片段中的最後一行所示。

這是對任何訓練模型所需預處理的一般建議，在最佳化模型過程之前運行預處理程式會大幅降低實驗速度，所以總是盡可能地提前預處理資料，並將其依序儲存到硬碟中。

當我們獲得了這種格式的資料，就可以檢查先前描述的面向。我們接下來詳述的整個資料探索過程都可以在本書 GitHub 儲存庫（*https://oreil.ly/ml-powered-applications*）中的資料集探索筆記本中找到。

一開始，我們使用 df.info() 來顯示有關 DataFrame 的摘要性資訊以及任何空值。它回傳的是：

```
>>> df.info()

AcceptedAnswerId        4124 non-null float64
AnswerCount             33650 non-null int64
Body                    33650 non-null object
ClosedDate              969 non-null object
CommentCount            33650 non-null int64
CommunityOwnedDate      186 non-null object
CreationDate            33650 non-null object
FavoriteCount           3307 non-null float64
Id                      33650 non-null int64
LastActivityDate        33650 non-null object
LastEditDate            10521 non-null object
LastEditorDisplayName   606 non-null object
```

```
LastEditorUserId      9975 non-null float64
OwnerDisplayName      1971 non-null object
OwnerUserId          32117 non-null float64
ParentId             25679 non-null float64
PostTypeId           33650 non-null int64
Score                33650 non-null int64
Tags                  7971 non-null object
Title                 7971 non-null object
ViewCount             7971 non-null float64
body_text            33650 non-null object
full_text            33650 non-null object
text_len             33650 non-null int64
is_question          33650 non-null bool
```

我們可以看到，我們的貼文略多於 31,000 則，其中只有 4,000 則左右的貼文擁有被接受的答案。另外，我們可以注意到，代表貼文內容的 Body 中某些值是空的，這似乎很可疑，我們期望所有的貼文都包含文字。查看空 Body 的資料列後很快就會發現它們是屬於某一類在資料集提供的文件中沒有提及的貼文，因此我們將其刪除。

讓我們快速了解一下格式，看看我們是否了解它。每個貼文問題的 PostTypeId 值為 1，答案的 PostTypeId 值為 2。我們希望查看哪種類型的問題獲得高分，因為我們想將弱標籤的問題得分當作問題品質的真實標籤。

首先，讓問題與相關的答案互相配對。以下程式碼選擇所有具有已接受答案的問題，並將它與答案的文本合併在一起。然後，我們可以查看前幾列資料，並檢驗答案是否確實與問題匹配，這也使我們能夠快速瀏覽文本並判斷其品質。

```python
questions_with_accepted_answers = df[
    df["is_question"] & ~(df["AcceptedAnswerId"].isna())
]
q_and_a = questions_with_accepted_answers.join(
    df[["Text"]], on="AcceptedAnswerId", how="left", rsuffix="_answer"
)

pd.options.display.max_colwidth = 500
q_and_a[["Text", "Text_answer"]][:5]
```

在表 4-2 中，我們可以看到問題和答案似乎有確實匹配，而且文本內容似乎大部分是正確的。現在，我們確信可以將問題與它們相關的答案配對好了。

表 4-2 問題與相關答案

Id	body_text	body_text_answer
1	I've always wanted to start writing (in a totally amateur way), but whenever I want to start something I instantly get blocked having a lot of questions and doubts.\nAre there some resources on how to start becoming a writer?\nI'm thinking something with tips and easy exercises to get the ball rolling.\n	When I'm thinking about where I learned most how to write, I think that reading was the most important guide to me. This may sound silly, but by reading good written newspaper articles (facts, opinions, scientific articles, and most of all, criticisms of films and music), I learned how others did the job,
2	What kind of story is better suited for each point of view? Are there advantages or disadvantages inherent to them?\nFor example, writing in the first person you are always following a character, while in the third person you can "jump" between story lines.\n	With a story in first person, you are intending the reader to become much more attached to the main character. Since the reader sees what that character sees and feels what that character feels, the reader will have an emotional investment in that character. Third person does not have this close tie; a reader can become emotionally invested but it will not be as strong as it will be in first person.\nContrarily, you cannot have multiple point characters when you use first person without ex…
3	I finished my novel, and everyone I've talked to says I need an agent. How do I find one?\n	Try to find a list of agents who write in your genre, check out their websites! \nFind out if they are accepting new clients. If they aren't, then check out another agent. But if they are, try sending them a few chapters from your story, a brief, and a short cover letter asking them to represent you.\nIn the cover letter mention your previous publication credits. If sent via post, then I suggest you give them a means of reply, whether it be an email or a stamped, addressed envelope.\nAgents…

作為健全性檢查的最後一項，讓我們看一下有多少個問題沒有答案，有多少個問題至少有一個答案，以及有多少個問題的答案被接受。

```python
has_accepted_answer = df[df["is_question"] & ~(df["AcceptedAnswerId"].isna())]
no_accepted_answers = df[
    df["is_question"]
    & (df["AcceptedAnswerId"].isna())
    & (df["AnswerCount"] != 0)
]
no_answers = df[
    df["is_question"]
    & (df["AcceptedAnswerId"].isna())
    & (df["AnswerCount"] == 0)
]

print(
    "%s questions with no answers, %s with answers, %s with an accepted answer"
    % (len(no_answers), len(no_accepted_answers), len(has_accepted_answer))
)

3584 questions with no answers, 5933 with answers, 4964 with an accepted answer.
```

我們在已回答的問題、部分回答的問題以及未回答的問題之間有一個相對均等的切分。這看似是合理的，所以我們可以有足夠的信心繼續進行我們的探索。

我們了解資料的格式，並且有足夠的資料能開始進行探索。如果您正在處理一個專案，但目前的資料集太小或是包含多數難以解釋的特徵，則應該收集更多資料或嘗試另一個資料集。

我們的資料集已經具有足夠的品質能繼續前進，所以現在是時候更深入地探索它了，並以告訴我們建模策略為目標。

標籤以發現資料趨勢

識別資料集裡的趨勢不只是為了品質，這部分的工作是關於讓自己從模型的角度思考，並試圖預測它將採用哪種結構。為此，我們將資料分為不同的集群（我將在第 87 頁「分群」中解釋），並嘗試提取每個集群中的共通性。

以下是實際上進行此操作的步驟列表，我們將從產生資料集的摘要統計資訊開始，然後了解如何利用向量化技術快速探索它，藉由向量化和集群的幫助，我們將有效地探索資料集。

摘要統計

當您開始查看資料集時，通常最好查看一下您擁有的每個特徵的一些摘要統計資訊，這可以幫助您對資料特徵有一般性的認識，並識別出任何能區分類別的簡單方法。

儘早分辨資料類別之間的分佈差異對 ML 很有幫助，因為這將使我們的建模任務更容易，或者避免我們高估了可能只是利用到某個特殊特徵而產生的模型效能。

例如：如果您要預測推文（tweet）表達的是正面還是負面的意見，則可以從計算每個推文中的平均單詞數開始。然後，您可以繪製此特徵的直方圖以了解其分佈。

直方圖可以讓您注意到所有正向推文是否都比負向推文短，這可能會使您增加單詞長度作為預測因子，以使您的任務更輕鬆。或者相反地要收集其他資料以確保您的模型可以了解推文的內容，而不僅僅是長度。

讓我們為 ML 寫作輔助編輯器繪製一些摘要統計以說明這一點。

ML 寫作輔助編輯器的摘要統計

對於我們的範例，我們可以在資料集中繪製問題長度的直方圖，突顯高分和低分問題之間的不同趨勢，以下是我們如何使用 pandas 來做這件事：

```
import matplotlib.pyplot as plt
from matplotlib.patches import Rectangle


"""
df 包含來自 writers.stackexchange.com 的問題和它們的答案數量
我們繪製了兩個直方圖：
一個是分數低於中位數的問題
一個是分數高於中位數的問題
在這兩者，我們都刪除了離群值以使我們的視覺化更加簡單
"""

high_score = df["Score"] > df["Score"].median()
# 我們過濾掉很長的問題
normal_length = df["text_len"] < 2000

ax = df[df["is_question"] & high_score & normal_length]["text_len"].hist(
    bins=60,
    density=True,
```

```
    histtype="step",
    color="orange",
    linewidth=3,
    grid=False,
    figsize=(16, 10),
)

df[df["is_question"] & ~high_score & normal_length]["text_len"].hist(
    bins=60,
    density=True,
    histtype="step",
    color="purple",
    linewidth=3,
    grid=False,
)

handles = [
    Rectangle((0, 0), 1, 1, color=c, ec="k") for c in ["orange", "purple"]
]
labels = ["High score", "Low score"]
plt.legend(handles, labels)
ax.set_xlabel("Sentence length (characters)")
ax.set_ylabel("Percentage of sentences")
```

在圖 4-2 中,我們可以看到它們的分佈基本上是相似的,高分的問題往往會稍長一些
(這種趨勢在 800 個字元左右特別明顯),這表明了問題長度可能是模型預測問題分數
的有用特徵。

我們可以用類似的方式繪製其他變數,以發現更多可能的特徵。當我們發現了一些特徵
後,讓我們更仔細地看一下資料集,以便我們能發現更細微的趨勢。

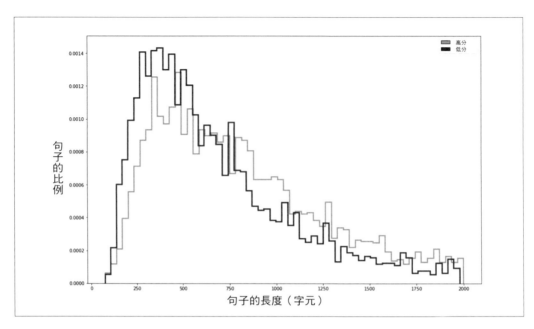

圖 4-2　高分和低分問題的文本長度直方圖

有效率地探索和標籤

到目前為止，您只查看了描述性統計資料（例如：平均值）和圖表（例如：直方圖），為了從資料中發展出直觀的了解，您應該花一些時間查看各個資料點。但是，隨機查看資料點的效率很低。在本節中，我將介紹如何視覺化單個資料點以最大程度地提高效率。

分群（clustering）是在這使用的有效方法，分群（*https://oreil.ly/16f7Z*）的任務是將一組對象進行分組，使得同一組（稱為**集群**（*cluster*））中的對象（在某種意義上）彼此之間比其他組（集群）更相似。稍後，我們將使用分群來探索我們的資料和模型的預測（請參見第 84 頁「降維」）。

許多分群演算法透過測量資料點之間的距離，並將彼此靠近的點分配為同一集群來對資料點進行分組。圖 4-3 展示了一個分群演算法的範例，該演算法將資料分為三個不同的集群。分群是一種無監督式的方法，通常沒有唯一正確的方法來對資料集做分群。在本書中，我們將使用分群作為產生一些結構的方法來引導我們的探索。

因為分群仰賴計算資料點之間的距離，所以我們選擇呈現資料點數值的方式會對產生集群有很大的影響，我們將在下一節「向量化」（第 74 頁）中深入探討這一點。

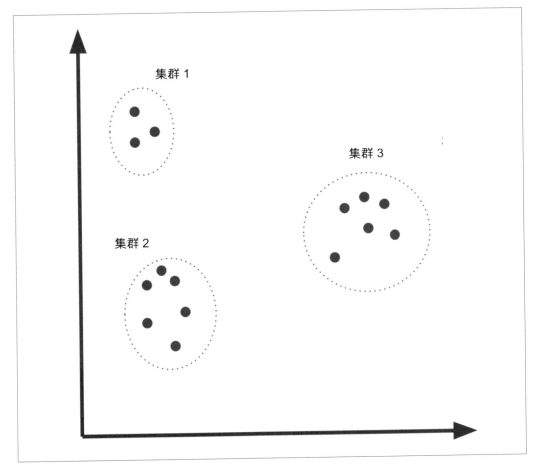

圖 4-3　從一個資料集中產生三個集群

大多數資料集可以根據它們的特徵、標籤或兩者的組合來區分為不同集群，個別檢查每個集群以及集群之間的相似性和差異性是辨識資料集中結構的好方法。

這裡有很多事情要留意：

- 您在資料集裡分辨出多少個集群？

- 這些集群中的每個集群對您來說似乎都不一樣嗎？以何種方式？

- 是否有任何集群比其他集群密集得多？如果是這樣，您的模型可能很難在稀疏的區域執行，增加特徵和資料有助於讓此問題更容易處理。

- 所有集群都呈現出了似乎「難」以建模的資料嗎？如果某些集群似乎呈現了更複雜的資料點，請記下它們，以便您在評估模型效能時可以再次查看它們。

如我們所述，分群演算法是在向量上運作，因此我們不能簡單地將一組句子傳遞給分群演算法。為了使我們的資料準備好進行分群，我們需要先對它們向量化。

向量化

向量化資料集是從原始資料到能表示其向量的過程。圖 4-4 呈現了一個文本和表格資料向量化表示後的一個範例。

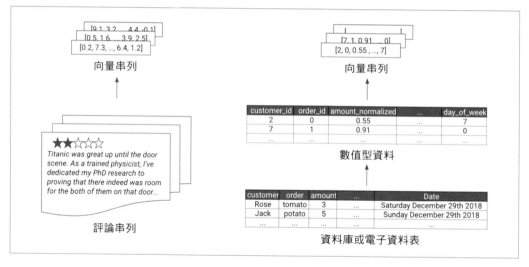

圖 4-4 向量化表示的範例

資料向量化的方法有很多種，因此我們將重點介紹一些適用於最常見資料類型的簡單方法，例如：表格資料、文本和圖像。

表格資料。 對於同時包含類別特徵和連續型特徵的表格資料，可能的向量表示方式就是簡單地串接每個特徵的向量表示。

連續型特徵應標準化為共同的尺度，以便較大尺度的特徵不會導致較小尺度的特徵被模型完全忽略。有多種標準化資料的方法，第一種是轉換每個特徵，使其平均值為 0、方差為 1，這通常是很好的第一步。這常被稱為**標準分數**（*standard score*）（*https://oreil.ly/QTEvI*）。

例如顏色之類的類別特徵可以轉換為獨熱編碼（one-hot encoding）：串列長度是特徵中不同值的總數，內容僅由 0 以及該值索引位置代表的一個 1 所組成（例如：資料集中包含四種不同的顏色，我們可以將紅色編碼為 [1、0、0、0]，將藍色編碼為 [0、0、1、0]）。您可能會好奇，為什麼我們不簡單地為每個值分配一個數字就好，例如：紅色代表 1，藍色代表 3，是因為這樣的編碼方式會暗示值之間的排序（藍色大於紅色），所以這對於類別型變數通常是不正確的。

獨熱編碼的一個特性是，任意兩個給定特徵值之間的距離始終是 1。這通常為模型提供一個很好的表示法。但在一些情況下，例如：一週內的幾天中，某些值可能比其他值更相近（星期六和星期日都在週末，因此理想情況下，它們的向量距離應該比星期三和星期日的向量更近）。神經網路已開始證明它們對學習這類表示很有用（請參見 C. Guo 和 F. Berkhahn 撰寫的論文「Entity Embeddings of Categorical Variables」（*https://arxiv.org/abs/1604.06737*），使用這些表示法而不是其他編碼方案已被證明能改善模型效能。

最後，更複雜的特徵（例如：日期）應該轉換為一些能捕捉到它們明顯特色的數值型特徵。

讓我們看一下表格資料向量化的實際範例，您可以在本書 GitHub 儲存庫（*https://oreil.ly/ml-powered-applications*）的表格資料向量化筆記本中找到該示範的程式碼。

假設我們不看問題的內容，而要用標記、評論數量和創建日期來預測一個問題的分數，在表 4-3 中，您可以看到一個有關 *writers.stackexchange.com* 的資料集範例。

表 4-3　沒有經過任何處理的表格輸入

編號	標記	評論數	創建日期	分數
1	<resources><first-time-author>	7	2010-11-18T20:40:32.857	32
2	<fiction><grammatical-person><third-person>	0	2010-11-18T20:42:31.513	20
3	<publishing><novel><agent>	1	2010-11-18T20:43:28.903	34
5	<plot><short-story><planning><brainstorming>	0	2010-11-18T20:43:59.693	28
7	<fiction><genre><categories>	1	2010-11-18T20:45:44.067	21

每個問題都有多個標記、日期和大量評論，讓我們對它進行預處理。首先，我們要標準化數值型欄位：

```
def get_norm(df, col):
    return (df[col] - df[col].mean()) / df[col].std()

tabular_df["NormComment"]= get_norm(tabular_df, "CommentCount")
tabular_df["NormScore"]= get_norm(tabular_df, "Score")
```

然後，我們從日期中提取相關資訊，比如我們可以選擇發佈的年、月、日和小時，這些都是模型可以使用的數值。

```
# 把日期轉換為 pandas datetime
tabular_df["date"] = pd.to_datetime(tabular_df["CreationDate"])

# 從 datetime 物件中提取有意義的特徵
tabular_df["year"] = tabular_df["date"].dt.year
tabular_df["month"] = tabular_df["date"].dt.month
tabular_df["day"] = tabular_df["date"].dt.day
tabular_df["hour"] = tabular_df["date"].dt.hour
```

我們的標記是類別型特徵，每個問題都有可能被給予任意數量的標記。如我們前面所見，表示類別型輸入最簡單的方法是對它們進行獨熱編碼，將每個標記轉換為它自己的欄位，並且只有在標記的特徵和此問題有所關聯時值才會是 1。

因為我們的資料集中有超過三百個標記，所以在這裡我們只選擇了在超過五百個問題中使用過的七個最熱門標記來創造欄位。我們可以為每個標記創造欄位，但是因為大多數標記只出現一次，所以這對辨識資料模式並沒有幫助。

```
# 選擇以字串表示的標記，並將其轉換為標記的陣列
tags = tabular_df["Tags"]
clean_tags = tags.str.split("><").apply(
    lambda x: [a.strip("<").strip(">") for a in x])

# 使用 pandas 的 get_dummies 來獲得虛擬值 (dummy values)
# 只選擇出現超過 500 次的標記
tag_columns = pd.get_dummies(clean_tags.apply(pd.Series).stack()).sum(level=0)
all_tags = tag_columns.astype(bool).sum(axis=0).sort_values(ascending=False)
top_tags = all_tags[all_tags > 500]
top_tag_columns = tag_columns[top_tags.index]

# 把我們的標記加進初始 DataFrame 中
final = pd.concat([tabular_df, top_tag_columns], axis=1)
```

```
# 只留下向量化特徵
col_to_keep = ["year", "month", "day", "hour", "NormComment",
               "NormScore"] + list(top_tags.index)
final_features = final[col_to_keep]
```

在表 4-4 中，您可以看到我們的資料現在已完全向量化了，每行僅包含數值，我們可以將這些資料提供給分群演算法或監督式 ML 模型。

表 4-4 向量化表格輸入

編號	年	月	日	小時	標準化的評論數	標準化的分數	創意寫作	小說（Fiction）	風格	特色	技術	小說（Novel）	出版
1	2010	11	18	20	0.165706	0.140501	0	0	0	0	0	0	0
2	2010	11	18	20	-0.103524	0.077674	0	1	0	0	0	0	0
3	2010	11	18	20	-0.065063	0.150972	0	0	0	0	0	1	1
5	2010	11	18	20	-0.103524	0.119558	0	0	0	0	0	0	0
7	2010	11	18	20	-0.065063	0.082909	0	1	0	0	0	0	0

向量化與資料洩漏（Data Leakage）

您會經常使用相同的技術對資料進行向量化，以視覺化並將其輸入模型。但是，有一個重要的差別是，當要把向量化的資料輸入給模型時，您應該向量化您的訓練資料並保存用來獲得向量的參數。接著，您應該對驗證和測試資料集都使用相同的參數。

例如：在標準化資料時，您應該只在訓練資料集上（要使用相同的值對驗證資料進行標準化）和生產環境中推論時計算摘要統計資訊，像是平均值和標準差。

同時使用驗證資料和訓練資料，不論是標準化或決定獨熱編碼中要保留哪些類別，都會導致資料洩漏，因為您利用到了訓練資料集外部的資訊來建立訓練特徵，這會人為地提高模型的效能，但會使模型在生產環境中的效能變差。我們將在第 109 頁「資料洩漏」中對此進行詳細介紹。

不同類型的資料需要不同的向量化方法，特別的是，文字資料通常需要更具創造性的方法。

文字資料。文字向量化最簡單的方法是使用計數向量，該向量與獨熱編碼相同，首先要建立一個詞彙集，此詞彙集是由資料集中的唯一單詞列表所組成，將詞彙集中每個單詞和一個索引相關聯（從 0 到詞彙集的大小），只要有我們的詞彙集，接著您就可以使用串列來表示每個句子或段落。對於每個句子，索引位置的數字代表句子中相關單詞的出現次數。

這個方法忽略了句子中單詞的順序，因此被稱為詞袋（*bag of words*）。圖 4-5 呈現了兩個句子及它們的詞袋表示，兩個句子都轉換為向量，其中包含單詞在句子中出現次數的資訊，但不包含單詞在句子中出現的順序資訊。

	輸入文字
句子 1	"Mary is hungry for apples."
...	...
句子 345	"John is happy he is not hungry for apples."

單詞索引	MARY	IS	HUNGRY	HAPPY	FOR	...	APPLES	NOT	JOHN	HE	SAND
句子 1	1	1	1	0	1	...	1	0	0	0	0
...	...	...	...	...	...	...	...	...	...	...	...
句子 345	0	2	1	1	1	...	1	1	1	1	0

圖 4-5 從句子獲得詞袋向量

使用 scikit-learn 可以很容易地用詞袋表示法或其標準化版本的 TF-IDF（詞頻 - 逆文件頻率（Term Frequency-Inverse Document Frequency）的縮寫），如下所示：

```
# 創建一個 tfidf 向量化工具的物件
# 我們可以使用 CountVectorizer 作為未標準化的版本
vectorizer = TfidfVectorizer()

# 訓練我們的向量化工具以擬合資料集中的問題
# 回傳向量化的文字陣列
bag_of_words = vectorizer.fit_transform(df[df["is_question"]]["Text"])
```

這幾年來，新穎的文本向量化方法已經被開發出來了，2013 年出現的 Word2Vec（參見 Mikolov 等人的論文「Efficient Estimation of Word Representations in Vector Space」）（*https://oreil.ly/gs-AC*）和近期的方法，例如：fastText（請參見 Joulin 等人的論文「Bag of Tricks for Efficient Text Classification」）（*https://arxiv.org/abs/1607.01759*）。這些向量化技術會產生單詞向量，這些單詞向量試圖比 TF-IDF 編碼更好地捕捉概念之間的相似度，它們透過從類似 Wikipedia 的大型文本中學習哪些單詞傾向於在相似的前後文中出現來實現。這種方法是基於分佈假說（distributional hypothesis），該假說認為有相似分佈的語言學項目（linguistic items）會有相似的含意。

具體來說，這是透過學習每個單詞的向量，並使用句子周圍的單詞向量來訓練模型，以預測句子中遺失的單詞來做到，納入考慮的相鄰單詞數量稱為*視窗大小*（*window size*）。在圖 4-6 中，您可以看到一個視窗大小為 2 的任務描述。在左側，將目標單詞之前和之後的兩個單詞向量放入一個簡單模型，然後最佳化這個簡單模型和單詞向量的值，使輸出符合遺失單詞的向量。

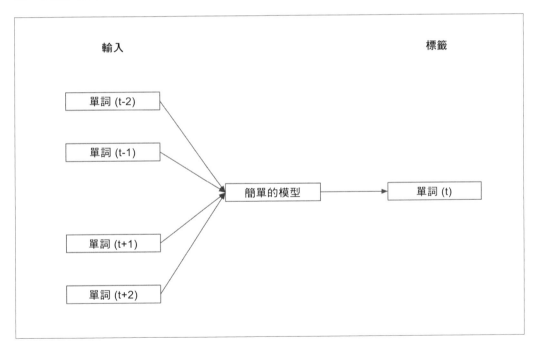

圖 4-6 從 Mikolov 等人的 Word2Vec 論文「Efficient Estimation of Word Representations in Vector Space」中所述學習單詞向量（https://oreil.ly/gs-AC）

許多開源的預訓練單詞向量化模型已經存在，使用由大型語料庫（通常是 Wikipedia 或新聞報導的檔案）預訓練的模型所產生的向量，可以幫助我們的模型更好地利用常見單詞的語意。

例如：在 Joulin 等人的 fastText（*https://fasttext.cc/*）論文中提到的單詞向量，可以在線上以獨立的工具獲得。對於更客製化的方法，spaCy（*https://spacy.io*）是一個 NLP 工具箱，它為各種任務提供了預訓練的模型，以及可以自己建立模型的簡單方法。

以下是一個使用 spaCy 載入預訓練的單詞向量，並使用它們來獲得在語意上有意義句子向量的範例。背後的做法其實就是，spaCy 取得資料集中每個單詞的預訓練值（如果不是它預訓練任務的一部分，則忽略該值），並對問題中的所有向量取平均值，作為該問題的表示。

```python
import spacy

# 我們讀取一個很大的模型，並為我們的任務停用管線中不必要的部分
# 這會大幅加速向量化的過程
# 查看 https://spacy.io/models/en#en_core_web_lg 以獲得關於模型的詳細資訊
nlp = spacy.load('en_core_web_lg', disable=["parser", "tagger", "ner",
    "textcat"])

# 接著，我們簡單地獲得每個問題的向量
# 回傳的向量預設是句子中所有向量的平均
# 查看 https://spacy.io/usage/vectors-similarity 以獲得更多資訊
spacy_emb = df[df["is_question"]]["Text"].apply(lambda x: nlp(x).vector)
```

要查看我們資料集的 TF-IDF 模型與預訓練詞嵌入的比較，請參見本書 GitHub 儲存庫（*https://oreil.ly/ml-powered-applications*）中的文本向量化筆記本。

自 2018 年以來，在更大的資料集上使用大型語言模型進行單詞向量化，已經開始產生最準確的結果（請參見 J. Howard 和 S. Ruder 的論文「Universal Language Model Fine-Tuning for Text Classification」（*https://arxiv.org/abs/1801.06146*），以及 J. Devlin 等人撰寫的「BERT: Pre-training of Deep Bidirectional Transformers for Language Understanding」（*https://arxiv.org/abs/1810.04805*）。但是，這些大型模型確實有比簡單的詞嵌入更慢、更複雜的缺點。

最後，讓我們檢視向量化的另一種常用資料類型：圖像。

圖像資料。圖像資料本身就已經被向量化，因為圖像不過是一個多維的陣列，在 ML 社群中通常稱為張量（tensors）（*https://oreil.ly/w7jQi*）。例如：大多數標準的三通道 RGB 圖像被簡單地儲存為一個數字串列，該串列的長度等於圖像的高度（以像素為單位），再乘以寬度，再乘以三（紅色、綠色和藍色通道）。在圖 4-7 中，您可以看到我們如何將圖像表示為數字的張量，以分別表示三種原色的強度。

圖 4-7　將一個數字 3 表示為數值從 0 到 1 的一個矩陣（僅顯示紅色通道）

雖然我們可以按照原樣使用這種表示形式，但我們希望張量能更多地捕捉圖像的含意。為了做到它，我們可以使用一種類似文本的方法，並利用大型的預訓練神經網路。

已經在大規模分類資料集上訓練過的模型例如：VGG（請參見 A. Simonyan 和 A. Zimmerman 的論文「Very Deep Convolutional Networks for Large-Scale Image Recognition」）（*https://oreil.ly/TVHID*）或在 ImageNet 資料集（*http://www.image-net.org/*）上訓練的 Inception（請參見 C. Szegedy 等人的論文「Going Deeper with Convolutions」）（*https://oreil.ly/nbetp*），結果它學習了非常具表現力的表示法以很好地分類。這些模型大多依循類似的高級結構，輸入是一張圖像，該圖像經過許多連續的計算層，每一層都生成了該圖像的不同表示形式。

最後，倒數第二層傳遞給一個產生各類別分類機率的函式。因此，倒數第二層包含一個圖像表示，它足以用來分類圖像裡包含了什麼物體，這使它成為其他任務的有用表示。

提取這個表示層證明它對於產生圖像中有意義的特徵非常有效，除了載入預訓練的模型之外，不需要任何自定的工作。在圖 4-8 中，每個矩形代表這些預訓練模型之一的不同層，並突顯了最有用的表示，它通常位於分類層的正前面，因為這是為了使分類器表現良好，而需要最好地總結圖像的表示法。

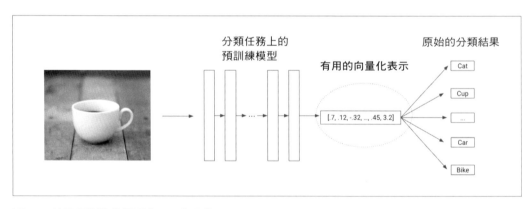

圖 4-8 使用預訓練的模型來向量化圖像

使用 Keras 等現代的函式庫使此任務更加容易。以下是使用 Keras 從資料夾中載入圖像後，再用預訓練的神經網路來轉換為在語意上有意義向量的功能，以進行後續的分析：

```python
import numpy as np

from keras.preprocessing import image
from keras.models import Model
from keras.applications.vgg16 import VGG16
from keras.applications.vgg16 import preprocess_input


def generate_features(image_paths):
    """
    接收一個圖像路徑的陣列
    回傳每張圖像的預訓練特徵
    :param image_paths: 圖像路徑的陣列
    :return: 最後一層激勵函數的陣列，以及從 array_index 到 file_path 的映射
    """

    images = np.zeros(shape=(len(image_paths), 224, 224, 3))

    # 讀取預訓練模型
    pretrained_vgg16 = VGG16(weights='imagenet', include_top=True)

    # 只使用倒數第二層來利用學習到的特徵
    model = Model(inputs=pretrained_vgg16.input,
                  outputs=pretrained_vgg16.get_layer('fc2').output)

    # 我們將所有資料集讀入記憶體中（適用於小資料集）
    for i, f in enumerate(image_paths):
        img = image.load_img(f, target_size=(224, 224))
        x_raw = image.img_to_array(img)
        x_expand = np.expand_dims(x_raw, axis=0)
        images[i, :, :, :] = x_expand

    # 載入所有圖像後，我們會把它們傳遞給模型
    inputs = preprocess_input(images)
    images_features = model.predict(inputs)
    return images_features
```

遷移學習（Transfer Learning）

使用預訓練模型來向量化我們的資料是有用的，有時候還能完全適用到我們的任務中。遷移學習是將先前在一個資料集或任務上訓練過的模型用於另一個資料集或任務的過程，它不僅簡單地重用相同的結構或管線，還使用先前學習到的模型權重作為新任務的起點。

從理論上講，遷移學習要從任一個任務遷移到任何其他的任務都可行，但是它經常透過遷移大型資料集的權重，例如：用於電腦視覺的 ImageNet 或用於 NLP 的 WikiText（*https://oreil.ly/voPkP*），以提高在小型資料集上的效能。

雖然遷移學習通常可以提高效能，但也可能會引入其他不想要的偏見，即使您小心地清理了當前資料集。比如說，您使用了一個從整個維基百科預先訓練好的模型，它可能會保留在那裡呈現出的性別偏見（請參見文章「Gender Bias in Neural Natural Language Processing」）（由 K. Lu 等人撰寫）（*https://oreil.ly/kPy1l*）。

一旦您有了向量化的表示形式，就可以對它進行分群或將資料傳遞給模型，但您也可以用它來更有效率地檢查資料集。透過將具有相似表示的資料點分組在一起，您可以更快地查看資料集裡的趨勢。接下來，我們將介紹如何執行。

降維

演算法必須具有向量表示，但是我們也能利用這些表示直接將資料視覺化！這似乎具有挑戰性，因為我們描述的向量通常是兩個維度以上，這使它們難以顯示在圖上，我們如何顯示 14 維的向量？

Geoffrey Hinton 因他在深度學習方面的工作而獲得圖靈獎，他在演講中確認了這個問題並提出以下技巧：「To deal with hyper-planes in a 14-dimensional space, visualize a 3D space and say *fourteen* to yourself very loudly. Everyone does it.」（請參見 G. Hinton 等人的演講「An Overview of the Main Types of Neural Network Architecture」中簡報第 16 頁（*https://oreil.ly/wORb-*））。如果您覺得這似乎很困難，您聽到關於降維的知識會很興奮，這是一種以較少的維度來表示向量，同時又要盡可能地保留其結構的技術。

降維技術例如 t-SNE（請參見 L. van der Maaten 和 G. Hinton 的論文「Visualizing Data Using t- SNE」）（*https://oreil.ly/x8S2b*）、PCA（*https://oreil.ly/kXwvH*）和 UMAP（請參見 L. McInnes 等人的論文「UMAP: Uniform Manifold Approximation and Projection for Dimension Reduction」）（*https://oreil.ly/IYrHH*），這些讓您能將高維資料如句子、圖像或其他特徵的向量表示投影到 2D 平面上。

這些投影有助於讓您注意到後續能探究的資料模式。但因為它們是真實資料的近似表示，所以您應該使用任何其他方法來驗證從這種作圖中得出的任一個假設。如果您看到資料點的集群都屬於某一類，而且這些點似乎都具有相同的特徵，則要檢查模型是否有確實利用該特徵。

首先，請使用降維技術繪製資料並為您要檢查屬性的每個點上色。對於分類任務，首先根據每個點的標籤上色。對於無監督式的任務，您可以根據正在查看的特徵值為點上色，這讓您查看是否有任何區域看起來像是模型容易分離的，或是更棘手的。

這是使用 UMAP 輕鬆完成這個的方法，將我們在第 74 頁「向量化」中生成的嵌入（embeddings）傳遞給它：

```
import umap

# 擬合 UMAP 到我們的資料，並回傳已轉換的資料
umap_emb = umap.UMAP().fit_transform(embeddings)

fig = plt.figure(figsize=(16, 10))
color_map = {
    True: '#ff7f0e',
    False:'#1f77b4'
}
plt.scatter(umap_emb[:, 0], umap_emb[:, 1],
            c=[color_map[x] for x in sent_labels],
            s=40, alpha=0.4)
```

提醒一下，我們決定只從 Stack Exchange 作者社群的資料開始使用，這個資料集的結果顯示在圖 4-9 中。乍看之下，我們可以看到應該探索的幾個區域，例如：左上方未回答問題的密集區域，如果我們可以辨識出它們共有的特徵，我們可能會發現有用的分類特徵。

在向量化並繪製資料後，通常就可以開始有系統地辨別相似資料點的組別並進行探索，我們可以透過查看 UMAP 作圖來簡單地做到這一點，或是我們也可以利用分群結果。

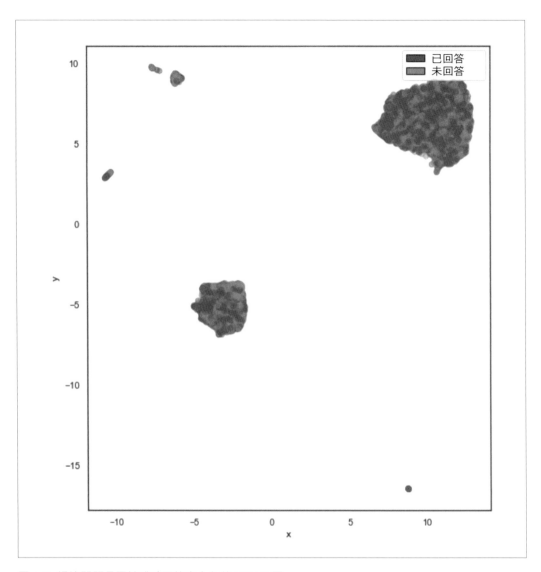

圖 4-9　根據問題是否被成功回答來上色的 UMAP 圖

分群

我們前面提過分群是一種從資料中提取結構的方法,就像我們在第 5 章中所做的那樣,不論是對資料進行分群以檢查資料集,還是將其用於分析模型的效能,分群都是您軍火庫中的核心工具。我用和降維類似的方式使用分群,當作呈現問題和有趣資料點的另一種方式。

實際上,對資料進行分群的一個簡單方法是從嘗試一些簡單的演算法(例如:k-means(*https://oreil.ly/LKdYP*)開始,然後調整它們的超參數(hyperparameters)(例如:分類數量)直到令人滿意的效能為止。

分群的效能很難量化,事實上,結合資料視覺化以及手肘法(elbow method)(*https://oreil.ly/k98SV*)或是輪廓圖(*https://oreil.ly/QGky6*)就足以滿足我們的使用案例。這並不是要完全區分我們的資料,而是要識別我們的模型可能存在問題的區域。

以下是對資料集進行分群,並使用先前介紹過的降維技術 UMAP 來視覺化集群的範例程式片段。

```
from sklearn.cluster import KMeans
import matplotlib.cm as cm

# 選擇集群數和色彩圖
n_clusters=3
cmap = plt.get_cmap("Set2")

# 擬合分群演算法到我們的向量化特徵
clus = KMeans(n_clusters=n_clusters, random_state=10)
clusters = clus.fit_predict(vectorized_features)

# 在 2D 平面上畫出已降維的特徵
plt.scatter(umap_features[:, 0], umap_features[:, 1],
            c=[cmap(x/n_clusters) for x in clusters], s=40, alpha=.4)
plt.title('UMAP projection of questions, colored by clusters', fontsize=14)
```

如您在圖 4-10 中看到的那樣,我們對 2D 表示的集群直覺看法,並不總是與演算法在向量化資料上找到的集群一致,這可能是因為降維演算法中的加工或是複雜的資料「拓撲」(topology)雖然也正確但較不常被使用。事實上,新增一個資料點指定的集群當作特徵,有時候會讓模型利用所謂的拓撲而提升模型效能。

有了集群後，請檢查每個集群並嘗試辨別它們在資料中的趨勢。為了做到它，您應該在每個集群中選擇幾個點並像模型一樣工作，所以標籤那些您認為應該標籤的正確答案。在下一節中，我將描述如何進行此標籤工作。

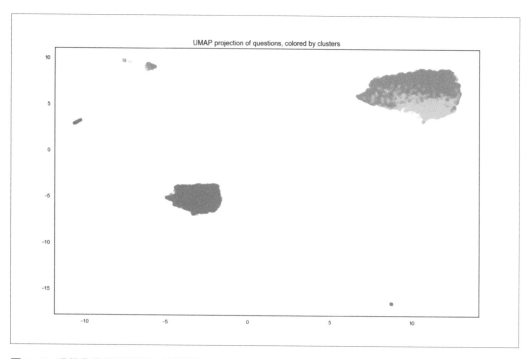

圖 4-10 視覺化我們的問題，並根據集群上色

從演算法的角度

在您查看了總指標和集群資訊之後，我會鼓勵您依循第 21 頁「Monica Rogati：如何選擇並安排 ML 專案中的優先次序」中的建議，透過使用您想要模型產生的結果來標籤每個集群中一些資料點，以試著完成模型的工作。

如果您未曾試著執行過您演算法的工作，那麼會很難判斷結果的品質。另一方面，如果您花費一些時間自己標籤資料，則經常會注意到趨勢，這將使您的建模任務更加容易。

您可能會從我們之前關於啟發式方法的小節中認識到這一個建議，所以並不會讓您感到驚訝。選擇一種建模方法需要對我們的資料進行幾乎與建立啟發式方法一樣多的假設，因此讓這些假設由資料驅動是有意義的。

即使您的資料集包含標籤，您也應該標籤資料，因為這讓您能驗證標籤有捕捉到正確的資訊而且標籤確實是正確的。在我們的案例研究中，我們使用問題的分數來衡量它的品質，這是一個較弱的標籤，我們自己也標籤一些樣本讓我們能夠驗證假設：該標籤是適當的。

當您標籤了一些樣本，就可以透過增加任何您發現的特徵來隨意更新您的向量化策略，使您的資料表示盡可能地擁有足夠資訊，然後再回到標籤階段，這是一個疊代的過程，如圖 4-11 所示。

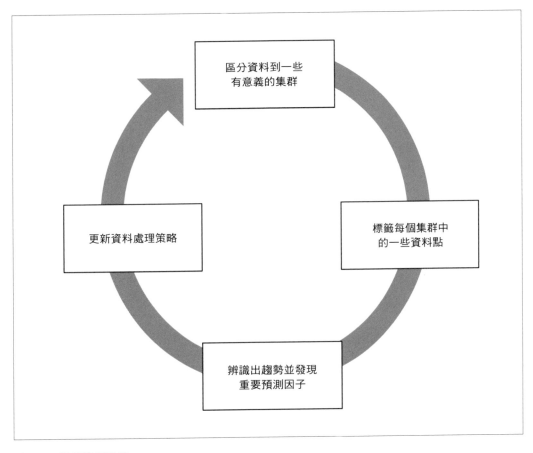

圖 4-11 標籤資料流程

為了提升標籤的速度，請確認您已經標籤每個已辨識集群中的一些資料點，以及特徵分佈中的常見值，以利用您先前的分析。

一種方法是利用視覺化函式庫互動式地探索您的資料，Bokeh（*https://oreil.ly/6eORd*）提供了進行互動式作圖的功能，標籤資料的一種快速方法是仔細查看我們的向量化樣本，為每個集群標籤一些樣本。

圖 4-12 呈現了一個由大多數未回答問題所組成的代表性個別樣本，該組中的問題往往很模糊、很難客觀回答，也沒有獲得答案，這些被準確地標籤為不好的問題。要查看此圖的原始碼和它在 ML 寫作輔助編輯器中的用法範例，請到本書的 GitHub 儲存庫（*https://oreil.ly/ml-powered-applications*）中探索資料以產生特徵的筆記本。

圖 4-12　使用 Bokeh 來檢查和標籤資料

給資料上標籤時，您可以選擇將標籤與資料本身一起儲存（例如：作為 DataFrame 中的附加欄位），也可以使用從文件或識別符（identifier）到標籤的映射來分別儲存，這單純只是偏好的問題。

當為樣本上標籤時，請試著注意您正在使用哪個流程來進行決策，這將有助於識別趨勢並產生模型的特徵。

資料趨勢

在標籤資料一段時間後，通常可以辨識出趨勢。有些可能是具參考價值的（簡短的發文往往更容易將其分類為正面或負面），並引導您為模型產生有用的特徵。由於資料收集方式的不同，其他的特徵可能不見得相關。

也許我們收集到的所有法文發文都是負面的，這可能會導致模型自動將法文發文分類為負面。我會讓您判斷在一個也許更廣泛、更具代表性的樣本上有多不準確。

如果您發現任何這類的事，請不要絕望！在開始建立模型**之前**，您必須先辨別這些重要的趨勢，因為它們會人為地誇大訓練資料的準確度，並可能導致您將效能不佳的模型投入生產環境。

處理這類偏見樣本最好的方法，是收集其他資料以使您的訓練更具代表性。您也可以嘗試從訓練資料中剔除這些特徵，以避免它們對模型造成偏見，但這在實際上可能並不有效，因為模型經常會利用與其他特徵的相關性來取得偏見（請參見第 8 章）。

當您辨識出了一些趨勢，就是使用它們的時候了。您通常可以透過以下兩種方式之一來做到：創建可表示趨勢的特徵或使用能輕鬆利用該趨勢的模型。

讓資料告訴我們特徵和模型

我們想利用資料中發現的趨勢來告訴我們資料處理、特徵生成和建模的策略。首先，讓我們看一下如何生成能幫助我們捕捉這些趨勢的特徵。

從模式中建立特徵

ML 是關於使用統計的學習演算法來利用資料中的模式，但是某些模式比其他模式更易於捕捉，想像一下使用數值本身除以 2 作為特徵來預測數值的簡單例子。該模型僅需學習乘以 2 即可完美地預測目標。另一方面，從歷史數據預測股市是一個需要利用更複雜模式的應用問題。

因此 ML 許多實際的收益是來自於產生其他**特徵**，這些特徵將幫助我們的模型識別有用的模式。模型識別模式的難易程度取決於我們表示資料的方式以及我們擁有的資料量，您擁有的資料越多、資料的雜訊越少，通常要做的特徵工程工作就越少。

然而，從產生特徵開始通常很有價值，第一是因為我們通常會從一個小的資料集開始，第二是因為它有助於正確使用我們對資料的信念並為模型除錯。

季節性（seasonlity）是從特定特徵生成方式中獲益的常見**趨勢**。假設有一家線上零售商注意到他們大部分的銷售活動都發生在該月的最後兩個週末，在建立預測未來銷售的模型時，他們希望確保它具有捕捉這種模式的潛力。

如您所見，根據日期的表示方式，對模型而言任務可能會非常困難。大多數模型只能接受數值型輸入（有關將文本和圖像轉換為數值型輸入的方法，請參見第 74 頁「向量化」），因此讓我們檢視幾種表示日期的方法。

原始日期

表示時間最簡單的方法是使用 Unix 時間（*https://oreil.ly/hMlX3*），它表示「自 1970 年 1 月 1 日星期四 00:00:00 起經過的秒數。」

儘管這種表示很簡單，但我們的模型需要學習一些非常複雜的模式以識別該月的最後兩個週末。例如：2018 年的最後一個週末（從 12 月 29 日的 00:00:00 到 12 月 30 日的 23:59:59），在 Unix 時間中表示為 1546041600 至 1546214399（您可以驗證如果您採用兩個數字之間的差值，則表示間隔為以秒為單位的 23 小時 59 分 59 秒）。

在此範圍中，沒有任何資訊能使它特別容易與其他月份中的其他週末相關聯，因此，當使用 Unix 時間作為輸入時，模型很難分別出相關的週末。但我們能透過生成特徵使模型的任務變得更容易。

提取週次和月份中的第幾天

使日期更清晰的一種表示方法是將星期幾和某月的幾日提取為兩個單獨的屬性。

例如：我們要表示 2018 年 12 月 30 日 23:59:59，會與之前的數字相同，並加上另外兩個值表示星期幾（比如星期日為 0）和月份中的第幾天（30）。

這種表示將使我們的模型更容易學習與週末相關的值（0 和 6 為週六和週日）以及該月後續有較高活動率的日期。

同樣重要的是，要注意表示法常常會讓我們的模型帶來偏誤。例如：將星期幾編碼為數字，星期五（等於 5）的編碼將比星期一（等於 1）的編碼大 5 倍。此數值型尺度是表示法的一種人為產物，並不是我們希望模型學習到的東西。

特徵組合

儘管先前的表示法使我們的模型更容易完成任務，但他們仍必須學習週和月第幾天之間的複雜關係：在月初的週末或是月底的週末不會有高流量。

一些深度神經網路之類的模型利用了特徵的非線性組合，因此可以利用到這些關係，但是它們通常需要大量的資料，解決此問題的常用方法是導入**特徵組合**（*feature crosses*）使任務更加輕鬆。

特徵組合是簡單地透過將兩個或多個特徵彼此相乘（組合）而生成的特徵，導入非線性的特徵組合使我們的模型能基於多個特徵值的組合來更輕易地區分例子。

在表 4-5 中，您可以看到我們描述的每種表示形式的一些資料點範例。

表 4-5　更清晰的資料表示法會使演算法更容易有好的效能

人類的表示法	原始資料（Unit 時間）	週的第幾天（Day of week，DoW）	月的第幾天（Day of month，DoM）	組合（DoW/DoM）
Saturday, December 29, 2018, 00:00:00	1,546,041,600	7	29	174
Saturday, December 29, 2018, 01:00:00	1,546,045,200	7	29	174
…	…	…	…	…
Sunday, December 30, 2018, 23:59:59	1,546,214,399	1	30	210

在圖 4-13 中，您可以看到這些特徵值如何隨時間變化，以及哪些特徵值使模型更容易將特定資料點與其他資料點分開。

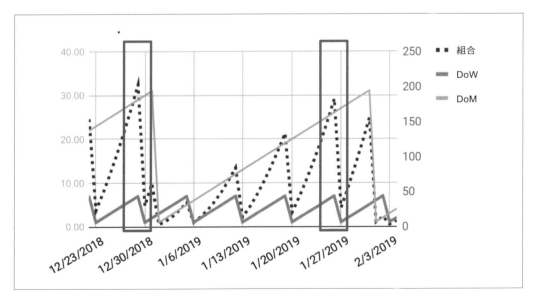

圖 4-13　使用特徵組合和提取的特徵可以更輕鬆地分離出月份中的最後一個週末

最後一種表示資料的方法將使我們的模型更容易了解該月最後兩個週末的預測值。

給您的模型答案

這似乎是作弊，但是如果您知道特徵值的某種組合特別具有預測效果，您可以創建一個新的二進位特徵，它只在這些特徵採用數值的相關組合時才是非零的值。在我們的案例中，意思是要增加一個名為「is_last_two_weekends」的特徵，例如：僅在該月的最後兩個週末設為 1。

如果最後兩個週末的預測效果和我們預期的一樣，則該模型會簡單地利用此特徵學習，並且更加準確。在打造 ML 產品時，請毫不猶豫地為您的模型簡化任務，擁有一個在較簡單任務上工作的模型，比在一個複雜任務上表現不佳的模型更好。

特徵生成是一個寬廣的領域，而且大多數資料類型有其方法，討論用於不同類型資料生成的每個特徵超出了本書的範圍。如果您想了解更多實用的範例和方法，我建議您看一下 Alice Zheng 和 Amanda Casari 撰寫的《*Feature Engineering for Machine Learning*》（O'Reilly）。

一般來說，生成有用特徵的最佳方法是使用我們描述的方法查看資料，並問自己什麼是能使模型學習其模式的最簡單表示方法。在下一節中，我將描述我為 ML 寫作輔助編輯器使用此流程所產生的一些特徵範例。

ML 寫作輔助編輯器的特徵

對於我們的 ML 寫作輔助編輯器，使用前面描述的技術來檢查我們的資料集（請在本書的 GitHub 儲存庫（*https://oreil.ly/ml-powered-applications*）中查看探索資料以生成特徵的筆記本細節），我們生成了以下特徵：

- 動作動詞（action verbs）（例如：*can* 和 *should*）對於問題是否被回答是具預測效果的，所以我們加上了一個二進位值來檢查它們是否存在於每個問題。

- 問號也是很好的預測因子，因此我們生成了 has_question 特徵。

- 關於如何正確使用英語的問題往往無法獲得答案，因此我們增加了 is_language_ question 特徵。

- 問題文本的長度是另一個因素，非常短的問題往往未被回答，這使我們增加了標準化過的問題長度特徵。

- 在我們的資料集中，問題的標題也包含重要資訊，並且在標籤時查看標題可以使任務容易許多，這使得在先前所有的特徵計算中都包含標題文字內容。

當有了初始特徵集，我們就可以開始建立模型，建立第一個模型是接下來第 5 章的主題。

在談到模型之前，我想深入探討如何收集和更新資料集的主題。為此，我與該領域的專家 Robert Munro 坐下來探討。

希望您享受我們在這討論的摘要，並興奮地繼續進入下一個部分，建立我們的第一個模型！

Robert Munro：您如何尋找、標籤和利用資料？

Robert Munro 創立了好幾家 AI 公司、建立了一些頂尖的人工智慧團隊。他曾是 Figure Eight 公司的首席技術長，Figure Eight 是一家處於成長最大時期的領先資料標籤公司。在此之前，Robert 曾為 AWS 的第一個在地自然語言處理和機器翻譯服務運行產品。在我們的對話中，Robert 分享了他從建立 ML 資料集中學到的一些經驗與教訓。

問：您如何開始一個 *ML* 專案？

答：最好的方法是從商業問題入手，因為它將給您有範圍的工作。在您的 ML 寫作輔助編輯器案例研究的範例中，您是編輯其他人提交寫好的文本，還是建議他人進行即時編輯？第一個可以讓您以較慢的模型批次處理請求，而第二個則需要速度更快的處理。

在模型方面，第二種方法會使序列對序列模型無效，因為它們太慢了。另外，當今的序列對序列模型無法用於超過句子級的建議，並且需要訓練大量相似的文本，更快的解決方案是利用分類器並使用它提取的重要特徵作為建議。您希望從此初始模型中獲得一個簡單的實現，而且您可以對它的結果有信心，例如：從使用詞袋特徵的樸素貝氏分類器開始。

最後，您需要花點時間查看一些資料並自己標籤它們，這將讓您直觀了解問題的困難程度以及哪種解決方案可能是合適的選擇。

問：您需要多少資料才能開始進行？

答：在收集資料時，您要確保自己擁有具代表性且多樣化的資料集。首先查看您擁有的資料，然後看看是否有任何類型的資料是缺少代表的，以便您可以收集更多這類資料，對資料集進行分群並檢查異常值有助於加快此過程。

對於標籤資料，在一般的分類情況下，我們已經看到在您稀有類別的 1,000 個例子的數量級上，標籤在實作中的效果很好，您至少會獲得足夠的信號來告訴您是否繼續使用當前的建模方法。在大約 10,000 個例子下，您就可以開始信任您正在建立的模型。

隨著獲得更多資料，您的模型準確度將逐漸提高，進而能為資料規模與模型效能製作曲線。在任何時候，您都只要關心曲線的最後部分，就應該可以估算如果獲得更多資料能給予您當前的目標值是多少。在大多數情況下，標籤更多資料帶來的改善將比對模型進行疊代更為重要。

問：您使用什麼流程來收集和標籤資料？

答：您可以查看目前的最佳模型，看看是什麼使它犯錯。不確定性採樣（uncertainty sampling）是一個常見方法：辨別模型中最不確定的例子（最接近決策邊界（decision boundary）的例子），然後找到類似的例子增加到訓練集中。

您還可以訓練一個「錯誤模型」，以找到困住目前模型的更多資料。使用模型所犯的錯誤作為標籤（將每個資料點標籤為「正確預測」或「錯誤預測」），當在這些例子上訓練了「錯誤模型」，就可以在未標籤的資料上使用它，並標籤它預測您的模型將失敗的例子。

或者，您可以訓練一個「標籤模型」，以找到下一個要標籤的最佳例子。假設您有 100 萬個例子，其中僅標籤了 1,000 個，您可以創建一個包含 1,000 個隨機採樣的已標籤和 1,000 個未標籤圖像的訓練集，並訓練一個二元分類器來預測您已標籤的圖像。然後，您可以使用此標籤模型來辨識與已標籤資料點最不相同的資料點，並對它們進行標籤。

問：如何驗證您的模型正在學習有用的東西？

答：常見的陷阱是只將標籤工作集中在相關資料集中的一小部分。可能是您的模型在有關籃球的文章上表現不佳，如果您繼續標註更多籃球文章，那麼您的模型在籃球領域可能會變得很出色，但在其他所有方面都會變得很糟糕。這就是為什麼當您使用策略收集資料時，您應該始終從測試集中隨機抽樣以驗證模型。

最後，最好的方法是追蹤已部署模型的效能何時浮動，您可以追蹤模型的不確定性，或者理想情況下可以回到商業指標：您使用的指標是否在逐漸下降？這也許是由其他因素引起的，但這是調查並更新訓練集的良好觸發條件。

總結

在本章中，我們介紹了有效率及有成效地檢查資料集的重要技巧。

我們首先查看資料的品質，以及如何確定資料是否足以滿足我們的需求。接下來，我們介紹了熟悉您所擁有資料類型的最佳方法：從摘要統計資訊開始，然後進入相似點的集群以識別出廣泛的趨勢。

然後，我們介紹了為何值得花大量的時間標籤資料來識別趨勢，因為後續能利用這些趨勢來設計有價值的特徵。最後，我們從 Robert Munro 的經驗中學習，該經驗幫助多個團隊建立了 ML 最先進的資料集。

現在，我們已經檢查了資料集並生成了我們希望具預測性的特徵，我們已經準備好要建立第一個模型，這部分我們將在第 5 章中進行。

疊代模型

第一部分介紹了建立 ML 專案並追蹤進展的最佳做法；在第二部分中，我們看到了快速建立完整管線並探索初始資料集的價值。

由於 ML 的實驗性本質，ML 很大程度上是一個疊代的過程。您可以依據圖 III-1 所示的實驗性迴圈，計畫模型和資料的反覆疊代。

分析
找出效能瓶頸

選擇方法
製作實驗列表

評估
建立自用的儀表板

實作
撰寫模型和管線程式

圖 III-1　ML 迴圈

第三部分將描述迴圈中的一次疊代。進行 ML 專案時，您應該計畫進行多次這種疊代，直到您滿意的效能水準為止。以下是第三部分的各章概述：

第 5 章

在此章中，我們將訓練第一個模型並以基準（benchmark）資料集進行測試。接著，我們會深入分析模型效能並確認如何改善。

第 6 章

這章會介紹快速建立模型並除錯，以及避免耗時錯誤的技術。

第 7 章

在這章中，我們將以 ML 寫作輔助編輯器作為案例研究，展示如何使用訓練好的分類器為使用者提供建議，並建立一個功能完善的建議模型。

訓練並評估您的模型

在前面的章節中,我們已經介紹了如何確定要處理正確的應用問題、制定解決方案、建立簡單的管線、探索資料集,以及產生一組初步的特徵集合。這些步驟已經讓我們收集到足夠的資訊以開始訓練一個合適的模型,合適的模型在這指的是非常適用於當前任務的模型,並且有較大的機會表現良好。

在本章中,我們會先簡要地複習選擇模型時的一些考量,接著,我們會描述切分資料的最佳做法,這有助於我們在實際情況下評估模型。最後,我們會分析建模的結果以及診斷錯誤的方法。

合適的最簡單模型

現在我們已經準備好要訓練模型了,所以需要決定從哪個模型開始。我們可能會嘗試所有可能的模型,並讓所有模型在基準資料集上進行測試,然後根據某些指標選擇一個在預留的測試集中效果最佳的模型。

一般來說,以上並不是最好的做法,因為不僅計算量大(有很多組模型,以及每個模型中有許多超參數,所以實際上您只能測試出一個次優子集合),而且在上述做法中,模型還被視為預測性的黑盒子,這完全忽略了 *ML 模型是以它們學習到的方式對資料內隱含的假設進行編碼*。

不同的模型對資料有不同的假設,因此適用於不同的任務。此外,由於 ML 是一個疊代的領域,因此您會希望選擇能快速建立並評估的模型。

讓我們先定義如何辨識出簡單的模型，接著，我們會介紹一些資料模式的範例以及可利用的合適模型。

簡單的模型

一個簡單的模型應該是可快速上手的實作、易於理解、易於部署。可快速上手的實作：因為您的第一個模型很可能不是您的最後一個模型；易於理解：因為這可以讓您更容易地除錯；易於部署：因為這是一個 ML 驅動應用程式的基本要求。讓我們先探討可快速實作的意義。

可快速上手的實作

一般來說，選擇一個易於實作的模型，意思是選擇一個容易理解的模型，它擁有相關的多個教程，以及能夠提供您幫助的人（尤其是如果您使用我們的 ML 寫作輔助編輯器來提出良好表達問題的話！）。對於一個新的 ML 驅動應用程式而言，在處理資料和部署可靠成果方面就已經要面臨夠多挑戰了，所以一開始應該先盡量避免掉所有模型產生的麻煩。

可以的話，請先用 Keras 或 scikit-learn 之類熱門函式庫中的模型，而且先不要一頭栽入沒有說明文件、過去九個月沒更新的實驗性 GitHub 儲存庫。

當您的模型實作好後，您需要檢視並了解它是如何利用您的資料集，所以您需要一個可理解的模型。

易於理解

模型的**可說明性**（*explainability*）和**可解釋性**（*interpretability*）意思是有能力揭露模型做出該預測的原因（比如是一組特定的預測因子組合）。基於各種理由，可說明性是有用的，例如：驗證模型沒有以我們不希望的方式出現偏見，或者向使用者說明他們可以採取哪些措施來改善預測結果，這也使得疊代和除錯更加容易。

如果您可以提取模型決策時依賴的特徵，就可以更清楚地了解要增加、調整或刪除什麼特徵，或是什麼模型可以選出更好的特徵。

不幸的是，即使是簡單的模型，模型的可解釋性通常也很複雜，較大的模型有時候更加棘手。在第 129 頁「評估特徵重要性」中，我們將看到解決此難題並幫助您判斷模型改進之處的方法，其中，我們將使用黑盒子解讀器（black-box explainers）來嘗試提供模型預測的解釋，而不論模型的內部如何運作。

像是羅吉斯迴歸（logistic regression）或決策樹（decision tree）之類的簡單模型往往更易於解釋，因為它們提供了特徵重要性的衡量方法，這是為何我們經常會先嘗試這些好模型的另一個理由。

易於部署

提醒一下，模型的最終目標是為了提供人們有價值的服務，這代表當您考慮要訓練哪種模型時，始終要考慮您是否能夠部署它。

我們將在第四部分中介紹部署，但是您應該已經準備好考慮以下問題：

- 訓練好的模型需要多少時間來提供使用者預測結果？當考慮到預測的延遲時，不只要包含模型輸出結果所花費的時間，還要包含使用者提交預測請求到接收結果之間的延遲，這涵蓋了任何預處理步驟，例如：特徵生成、任何網路功能的呼叫，以及在模型輸出到呈現給使用者的資料之間進行的任何後處理步驟。

- 如果考慮到我們預期的同時使用人數，此推論管線對於我們的使用案例是否夠快？

- 訓練模型需要多長時間？我們需要多久訓練一次？如果訓練需要 12 個小時，而且您需要每 4 個小時重新訓練一次模型以保持最新，那麼不僅您的帳單計算起來會非常昂貴，而且模型永遠都會是過時的。

我們可以使用圖 5-1 這類的表來比較簡單模型的簡單程度。隨著 ML 領域的發展和新工具的建立，部署複雜或難以解釋的模型現在可能會變得更容易使用，所以此表還需要再持續更新。因此，我建議您根據特定的應用領域來建立自己的版本。

即使在簡單、易於解釋和易於部署的模型中，仍然有許多可能的模型選擇。為了選擇模型，您還應該考慮在第 4 章中分辨的資料模式。

模型名稱	可快速上手的實作		易於理解		易於部署		整體的「簡單程度分數」
	可充分理解的模型	經審查的實作	容易提取特徵重要性	容易除錯	推論速度	訓練速度	
決策樹（來自 scikit-learn）	5/5	5/5	4/5	4/5	5/5	5/5	28/30
CNN（來自 keras）	4/5	5/5	3/5	3/5	3/5	2/5	20/30
Transformer（來自個人的 github 儲存庫）	2/5	1/5	0/5	0/5	2/5	1/5	6/30

圖 5-1 基於簡單程度的模型評比分數

從模式到模型

我們應該從已經辨別的資料模式和已生成的特徵來引導我們選擇模型。讓我們介紹一些資料模式的範例，以及利用它們的合適模型。

我們想要無視特徵尺度的問題

相較於數值較小的特徵，模型會更大程度地利用到數值較大的特徵。某些情況下也許沒問題，但在一些情況下則是我們不樂見的，像是使用了模型最佳化方法如梯度下降（gradient descent）之類的神經網路，特徵尺度的差異有時候就會導致訓練過程中的不穩定。

如果您想同時使用年齡（範圍從一歲到一百歲）和收入多少（假設我們的資料達到九位數）作為兩個預測因子，則需要確保模型能夠利用到最具預測性的特徵，而不論其尺度的大小。

您可以透過特徵預處理來確保這一點，就是標準化它們的尺度到平均為 0 及標準差為 1。如果將所有特徵標準化到相同的範圍，模型就會同等地考慮每個特徵（至少最初是這樣）。

另一個解決方案是轉而使用不會受到特徵尺度差異所影響的模型，最常見的建模演算法像是：決策樹、隨機森林和梯度提升決策樹（gradient-boosted decision trees），而 XGBoost（*https://oreil.ly/CWpnk*）是一種在生產環境中常使用的梯度提升決策樹的實作，因為它穩固又快速。

我們的預測目標是特徵的線性組合

有時候，我們有很好的理由相信只要使用特徵的線性組合就能做出良好預測，這種情況下，我們應該使用線性模型，例如：針對迴歸問題的線性迴歸，或是針對分類問題的羅吉斯迴歸或樸素貝氏分類器。

這些模型簡單又有效率，而且通常可以直接解釋它們的權重，進而幫助我們識別出重要特徵。如果我們相信特徵與預測變數之間的關係更為複雜，則使用非線性模型（例如：多層神經網路）或生成特徵組合（請參見第 91 頁「讓資料告訴我們特徵和模型」開始部分）會有所幫助。

我們的資料具有時間序列的特性

如果我們要處理資料點的時間序列，其中特定時間的值取決於更早的值，則我們希望利用能明確編碼到此時間資訊的模型。這類模型的例子包括統計模型，例如：自迴歸整合移動平均模型（autoregressive integreated moving average，ARIMA）或遞迴神經網路（recurrent neural networks，RNN）。

每個資料點都是多種模式的組合

當我們在處理圖像領域的問題時，卷積神經網路（CNN）學習平移不變過濾器（*translation-invariant filters*）的能力已被證明是有用的，這代表它們能夠提取圖像中的局部圖案，而不管圖案位於哪裡。例如：CNN 學會如何檢測眼睛之後，它就能在圖像中的任何位置檢測到眼睛，而不只是在訓練集裡出現過的地方。

卷積過濾器已被證明在其他包含局部模式的領域中也相當有用，例如：語音辨識或文本分類，其中 CNN 已成功用於句子分類，請參見 Yoon Kim 在論文「Convolutional Neural Networks for Sentence Classification」（*https://arxiv.org/abs/1408.5882*）中的實作範例。

在考慮使用正確的模型時，還需要考慮許多其他的要點。對於多數經典的 ML 應用問題，我建議使用由 scikit-learn 團隊提供，方便又有助益的流程圖（*https://oreil.ly/tUsD6*），它為許多常見的使用案例提供了模型建議。

ML 寫作輔助編輯器的模型

對於 ML 寫作輔助編輯器來說，我們希望第一個模型能夠快速且合理地易於除錯。除此之外，我們的資料是由個別的實例組成，不用考慮時序特性（例如：一連串的問題）。因此，我們將開始於一個受歡迎且有彈性的基線：隨機森林分類器。

當您確定了一個看似合理的模型之後，就是時候要進行訓練了。在一般的準則下，您不應該使用在第 4 章中收集的整個資料集來訓練模型，您需要先從訓練集中保留一些資料開始，讓我們介紹為何以及應該如何做。

切分您的資料集

我們模型的主要目標是為使用者提交的資料提供有效預測，這代表我們的模型最後必須在它**過去從未見過**的資料上表現良好。

在資料集上訓練模型時，如果只在同一個資料集上評估模型效能，那它就只會告訴您已看過資料的預測效果有多好。如果只用資料的一部分訓練模型，則可以使用未經訓練的資料來評估模型在新資料上的表現如何。

在圖 5-2 中，您可以看到一個根據資料集屬性（問題的作者）切分為三個獨立資料集（訓練、驗證和測試）的範例。在本章中，我們將介紹每個資料集的含意及如何思考它們。

第一個保留下來的資料集是驗證集。

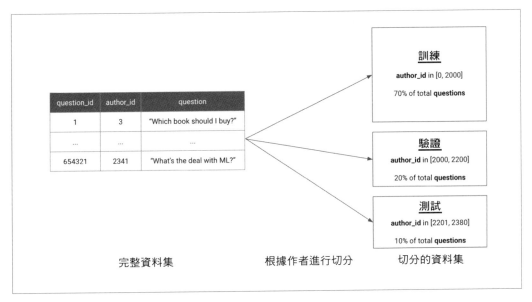

圖 5-2 根據作者切分資料集，同時將適當比例的問題歸屬於每個切分

驗證集

為了評估模型如何處理沒見過的資料，我們有目的地在訓練中保留了部分資料集，然後使用模型在保留資料集的效能，以作為它在生產環境中效能的代表，保留集使我們可以驗證模型能否一般化到沒見過的資料，因此它通常被稱為**驗證集**（*validation set*）。

您可以選擇不同部分的資料作為驗證集來進行模型評估，並對其餘資料進行訓練，進行此過程多個回合有助於控制因選擇特定驗證集而引起的任何變異（variance），這稱為**交叉驗證**（*cross-validation*）。

當您更改資料預處理策略以及所用模型的類型或超參數時，模型在驗證集上的效能會發生變化（理想情況下會提升），驗證集允許您使用它來調校模型超參數，就像模型在訓練集上調校參數一樣。

經過使用驗證集來調整模型的多次疊代後，建模管線會變得量身定制於在驗證資料上表現良好。但這違反了驗證集的目的，驗證集應該是未見過資料的代表，因此，您應該再保留一個額外的測試集。

測試集

由於我們會在模型上經歷多個疊代週期，並在每個週期的驗證集上評估其效能，因此我們可能會讓模型產生偏差，而使它在驗證集上表現良好。儘管這有助於模型在訓練集之外的一般化，但同時也帶來了只在特定驗證集上學習出一個表現良好模型的風險。理想上，我們希望擁有一個對新資料有效的模型，所以該新資料不應包含在驗證集中。

因此，我們通常會提供第三個資料集稱為**測試集**。當您對疊代結果感到滿意，測試集即作為我們在未見過資料上模型效能的最終基準。雖然使用測試集是最佳做法，但是從業人員有時候會只使用驗證集作為測試集，儘管這樣會增加使模型偏向驗證集的風險，但如果在僅進行少量實驗時可能是合適的。

重要的是，要避免在測試集上利用成效來告訴我們建模決策，因為測試集代表了我們在生產環境中將要面對的未見過資料，若調整建模方法使模型在測試集上表現良好，將會導致高估模型效能的風險。

要使模型在生產環境中運作良好，您訓練的資料應該相似於未來與產品進行互動的使用者所產生的資料。理想情況下，您將從使用者那裡接收到的任何類型資料都應該呈現在資料集中。如果還不是這樣，則要記得，測試集的效能只表示了部分使用者的效能。

對於 ML 寫作輔助編輯器而言，代表不符合 *writers.stackoverflow.com* 成員統計特徵的使用者，可能無法獲得我們寫作建議的服務。如果要解決此問題，則應該擴展資料集以包含到更能代表這些使用者的問題內容。我們可以從納入 Stack Exchange 上其他網站的問題開始，以涵蓋更廣泛的主題集合，或是也納入其他問答網站上的資料。

對於業餘專案而言，以這種方式更正資料集可能是一項挑戰。但是，在打造消費級產品時，有必要幫助使用者在接觸到模型漏洞之前就先提早發現它們，使用更具代表性的資料集可以避免這種情況。我們將在第 8 章中介紹許多故障模式。

切分的相對比例

一般來說，您應該最大化模型可以用來學習的資料量，同時保留了夠大的驗證集和測試集以提供準確的效能指標。從業人員通常將 70％ 的資料用於訓練、20％ 的資料用於驗證、10％ 的資料用於測試，但這完全取決於資料量。對於非常大的資料集而言，您可以負擔得起用較大比例的資料進行訓練，同時仍保有足夠的資料來驗證模型；對於較小的資料集而言，您可能需要使用較小比例的資料進行訓練，使驗證集夠大以提供準確的效能衡量。

現在，您已經知道為什麼要切分資料，以及要考慮何種切分比例。但是您要如何決定每個切分中包含哪些資料點呢？您使用的切分方法會對建模效能產生重大影響，而且應該依據資料集中的特定特徵進行切分。

資料洩漏

切分資料的方法是進行驗證的關鍵部分，您的目標應該是使驗證／測試集接近您預期未見過資料的樣子。

通常，訓練、驗證和測試集是透過隨機取樣資料點來切分的，在某些情況下，這可能會導致*資料洩漏*。資料洩漏發生在當（由於我們的訓練過程）模型在訓練期間，使用到在生產環境面對實際使用者時不會存取到的資訊。

您應該不惜一切代價避免資料洩漏，因為這會導致我們對模型效能的看法過於膨脹。在呈現資料洩漏的資料集上訓練出來的模型能利用某些資訊做預測，但它在遇到不同資料時就會無法正確預測，這只是因為洩漏的資訊使模型的任務人為地變得容易。在保留的資料上模型的效能似乎很高，但在生產環境中會變差很多。

在圖 5-3 中，我畫出了一些常見原因，在這些原因中，將資料隨機分組會導致資料洩漏。資料洩漏有很多可能原因，接下來我們將探討兩個常見的原因。

為了開始我們的探討，讓我們先來處理一下圖 5-3 最上方的範例：時序的資料洩漏。然後，我們繼續探討樣本污染（contamination），這一類別涵蓋了圖 5-3 中間和下方的兩個範例。

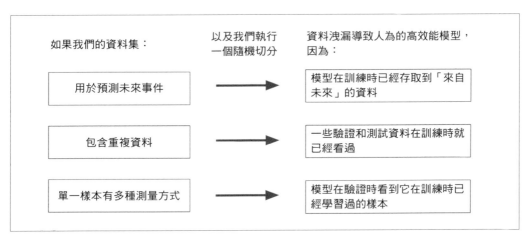

圖 5-3 隨機切分資料經常會導致資料洩漏

時間序列的資料洩漏。在時間序列預測中，模型需要從過去的資料點中學習以預測尚未發生的事件，如果我們對這種時序預測型資料集隨機切分，則會引入資料洩漏：模型在隨機資料點集合上訓練並在其餘資料點上評估，這樣模型將會存取到發生在要預測的事件*之後*的訓練資料。

這個模型會在驗證和測試集上人為地表現良好，但會在生產環境中失敗，因為它所了解到的只是利用未來的資訊，而這些資訊在現實世界中是得不到的。

一旦意識到這一點，時間序列的資料洩漏通常很容易捕捉。其他類型的資料洩漏可以使模型能存取到它在訓練期間不應該擁有的資訊，並透過「污染」訓練資料來人為地膨脹效能，但是通常很難發現。

樣本污染。資料洩漏的常見原因在於隨機性出現的程度。在建立模型以預測學生論文將獲得的分數時，我協助的一位資料科學家發現他的模型在測試集上的表現近乎完美。

在如此艱鉅的任務上，應該仔細檢查效能如此出色的模型，因為它經常代表著存在錯誤或資料洩漏。有人會說，ML 相當於莫非定律，就是您對模型在測試資料上的效能越滿意，管線中就越有可能存在著錯誤。

在此範例中，由於大多數學生寫了多篇論文，所以隨機切分資料會導致在訓練和測試集中出現同一位學生的論文，這使得模型能夠識別學生的特徵並使用該資訊做出準確的預測（此資料集中的學生在其所有論文中的成績往往都相似）。

如果我們要部署該論文得分預測應用以供將來的使用，它將無法為過去從未見過的學生預測出有用的得分，而只能預測出那些論文已被訓練過的學生所獲得的歷史得分，這樣根本一點用也沒有。

為了解決此範例中的資料洩漏，新的切分方法是根據學生而不是論文等級，意思是每位學生只會出現在訓練集中，要不然就是只出現在驗證集中。由於任務變得困難得多，所以會導致模型的準確度下降，但是，訓練任務現在已經接近生產環境中的實際任務了，因此這種新模型具有更大的價值。

在常見任務中，樣品污染可能以細微的方式發生。讓我們以一個公寓出租預訂網站為例，該網站包含一個點擊預測模型，在給定使用者查詢和商品的情況下，該模型預測使用者是否會點擊該商品，並用來決定要向使用者顯示哪些商品列表。

為了訓練這樣的模型，該網站利用使用者特徵的資料集，例如：使用者先前的預訂數量、呈現給他們的公寓配對，以及他們是否點擊了它們。這個資料通常會儲存在生產環境的資料庫中，而且可以查詢這些配對。如果該網站的工程師只是簡單地查詢資料庫以建立這樣的資料集，則他們很可能會面臨資料洩漏的情況，您知道為什麼嗎？

在圖 5-4 中，我透過描繪針對特定使用者的預測，來呈現出可能出問題的圖解。在上方，您可以查看模型在生產環境中提供點擊預測的特徵，在這裡，過去沒有預訂過的新使用者被提供了一個公寓；在下方，您可以看到幾天後工程師從資料庫提取資料時特徵的狀態。

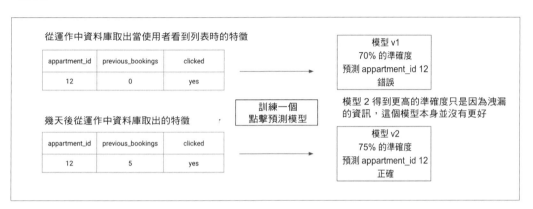

圖 5-4 資料洩漏會因細微的理由發生，例如：缺乏資料版本的控管

請注意 previous_bookings 中的差異，這是最初顯示列表給使用者之後所發生的使用者活動。透過資料庫的快照（snapshot），有關使用者未來操作的資訊被洩漏到訓練集中，現在我們知道使用者最終會預訂五間公寓！這種洩漏會導致模型擁有最後的資訊來做訓練，進而在錯誤的訓練資料上輸出正確的預測。該模型在我們產生的資料集上準確度很高，因為它利用的是無法在生產環境中存取到的資料。當模型部署之後，其效能將會比預期還差。

如果您在此故事中有任何收穫，應該就是：永遠要探究模型的成果，尤其當模型展現出令人驚訝的強大效能時。

ML 寫作輔助編輯器的資料切分

我們用來訓練 ML 寫作輔助編輯器的資料集包含 Stack Overflow 上的問題和答案，乍看之下，隨機切分似乎就足夠了，而且在 scikit-learn 上實作起來非常簡單。例如，我們可以撰寫以下功能：

```
from sklearn.model_selection import train_test_split

def get_random_train_test_split(posts, test_size=0.3, random_state=40):
    """
    從 DataFrame 取得訓練 / 測試的切分
    假設 DataFrame 每個問題的例子為一列
    :param posts: 所有貼文及它們的標籤
    :param test_size: 分配給測試資料的比例
    :param random_state: 隨機種子
    """
    return train_test_split(
        posts, test_size=test_size, random_state=random_state
    )
```

但這種方法有可能導致洩漏,您能夠辨識出來嗎?

回想一下我們的使用案例,我們希望模型能夠處理以前從未見過的問題,而且只會看問題的內容。但是,在問答網站上,許多其他因素也會影響問題是否能成功獲得回答,這些因素之一即是作者的身分。

如果我們隨機切分資料,則某位作者可能會同時出現在我們的訓練和驗證集中。若某些受歡迎的作者具有獨特的風格,我們的模型可能會過度擬合這種風格,並且因為資料洩漏而在驗證集上達到人為的高效能。為避免這種情況,對我們來說確保每位作者僅在訓練或驗證中出現才更加安全,這與我們之前在學生評分範例中描述的洩漏類型相同。

使用 scikit-learn 的 GroupShuffleSplit 類別(class),並將代表作者唯一 ID 的特徵傳遞給它的 split 方法,我們可以保證特定作者僅出現在其中一個切分中。

```
from sklearn.model_selection import GroupShuffleSplit

def get_split_by_author(
    posts, author_id_column="OwnerUserId", test_size=0.3, random_state=40
):
    """
    獲得訓練 / 測試切分
    確保每位作者僅出現在其中一個切分中
    :param posts: 所有貼文及它們的標籤
    :param author_id_column: 包含作者 ID 的欄位名稱
    :param test_size: 分配給測試資料的比例
    :param random_state: 隨機種子
    """
    splitter = GroupShuffleSplit(
```

```
        n_splits=1, test_size=test_size, random_state=random_state
    )
    splits = splitter.split(posts, groups=posts[author_id_column])
    return next(splits)
```

要查看兩種切分方法之間的比較，請參見本書 GitHub 儲存庫（*https://oreil.ly/ml-powered-applications*）中切分資料的筆記本。

切分資料集後，就可以讓模型擬合訓練集，我們已經在第 40 頁「從簡單的管線開始」中介紹了訓練管線的必要部分。在本書 GitHub 儲存庫裡簡單模型筆記本的訓練中（*https://oreil.ly/ml-powered-applications*），我展示了 ML 寫作輔助編輯器完整訓練管線的示範。接著我們將分析該管線的結果。

我們已經介紹了切分資料時要記住的主要風險。當資料集被切分，而且我們已經對切分好的訓練集進行了訓練，接下來我們應該怎麼做？在下一節中，我們將談到評估已訓練模型的不同實用方法，以及如何最好地利用模型。

判斷效能

現在，我們已經切分了資料，我們可以訓練模型並判斷其效能。大多數模型都被訓練來最小化成本函數，成本函數代表模型的預測與真實標籤之間的距離，成本函數的值越小，代表模型對資料的擬合越好。最小化哪個函數取決於模型和應用問題，而同時在訓練集和驗證集上查看它的值通常是個好想法。

這通常有助於估計模型的**偏誤與變異權衡**（*bias-variance trade-off*），進而評估模型從資料中學到具備可一般化價值資訊的程度，而不需記憶訓練集的細節。

 我假設您已經熟悉標準的分類指標，這裡只是再提醒一下以防萬一。對於分類問題，準確度（accuracy）代表模型正確預測的實例比例，換句話說，它是正確結果包含真陽性（true positives）和真陰性（true negatives）的比例。在資料嚴重不平衡的情況下，高準確度會掩蓋不良模型。如果 99% 的病例為陽性，則始終預測陽性類別的模型將具有 99% 的準確度，但這並不是很有用。精確度（precision）、召回率（recall）和 f1 score 解決了此限制，精確度是預測為陽性的實例中預測正確的比例，召回率是真實為陽性的實例中預測正確的比例，f1 score 是精確度和召回率的調和平均數。

在本書的 GitHub 儲存庫（*https://oreil.ly/ml-powered-applications*）中訓練一個簡單的模型筆記本，我們使用 TF-IDF 向量和我們在第 94 頁「ML 寫作輔助編輯器的特徵」中確定的特徵來訓練第一個版本的隨機森林。

以下是我們訓練集和驗證集的準確度、精確度、召回率和 f1 score。

```
Training accuracy = 0.585, precision = 0.582, recall = 0.585, f1 = 0.581
Validation accuracy = 0.614, precision = 0.615, recall = 0.614, f1 = 0.612
```

快速查看這些指標讓我們注意到兩件事：

- 由於我們有一個由兩個類別組成的平衡資料集，因此為每個例子隨機選擇一個類別將使我們的準確率大約為 50％，而我們模型的準確度達到 61％，優於隨機基線。
- 我們在驗證集上的準確度高於訓練集，看來我們的模型在沒見過的資料上效果很好。

讓我們更深入地了解模型的效能。

偏誤與變異權衡

訓練集上效能不佳是高偏誤（bias）的徵兆，也稱為**欠擬合**（*underfitting*），代表模型無法捕捉到有用的資訊：它甚至無法在已經有標籤的資料點上表現良好。

訓練集上效能強大但驗證集上效能較差是高變異（variance）的徵兆，也稱為**過擬合**（*overfitting*），代表模型在訓練資料上找到了一些方法來學習資料輸入 / 輸出的映射，但是模型已經學到的卻無法一般化到沒見過的資料。

欠擬合和過擬合是偏誤和變異權衡的兩種極端情況，它們描述了模型的錯誤類型如何隨著模型複雜度增加而變化。隨著模型複雜度的提升，變異增加且偏誤減少，並且模型從欠擬合變為過擬合。您可以在圖 5-5 中看到。

在我們的案例中，由於我們的驗證效能優於我們的訓練效能，因此可以看到我們的模型並未過擬合訓練資料，我們可能會增加模型或特徵的複雜性以提高效能。要克服偏誤與變異的權衡，需要在減少偏誤和增加變異之間找到一個最佳點，減少偏誤可以增加模型在訓練集上的效能，而減少變異可以在驗證集上提高其效能（副作用是通常會使訓練效果變差）。

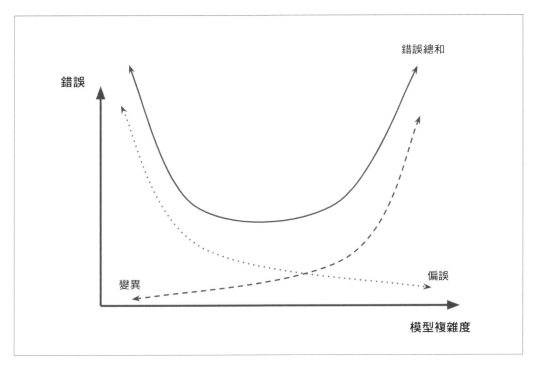

圖 5-5　隨著複雜度的增加，偏誤減少但變異也增加

效能指標能幫助我們產生模型效能的彙整觀點，而這有助於猜測模型的運作情況，但不能提供更多關於模型究竟是成功還是失敗的直覺。為了改善我們的模型，我們需要更深入地研究。

深入總指標

效能指標有助於確定模型是否已從資料集正確學習或是仍需改進，接下來是進一步檢查結果以了解模型失敗或成功的方式，這是非常重要的，原因有兩個：

效能驗證

效能指標可以非常具有誤導性，當處理資料嚴重不平衡的分類問題（例如：預測不到 1％ 的患者會出現罕見疾病）時，任何一個始終預測患者健康的模型都將達到 99％ 的準確度，即使它沒有任何預測力。有適用於大多數問題的效能指標（f1 score （*https://oreil.ly/fQAq9*）可以更好地解決前述問題），但關鍵是要記得，它們是彙整指標，而且不完整地描繪了情況。因此，若要信任模型的效能，您需要更細緻地檢查結果。

疊代

模型建立是一個疊代的過程，開始一個疊代循環的最佳方式是確定要改進什麼，以及如何改進。效能指標無法幫助您確定模型在哪裡出問題，以及管線中的哪些部分需要改進。我經常看到資料科學家試圖以簡單地嘗試許多其他模型或超參數，或隨意建立額外特徵來提高模型效能，這種方法相當於蒙著眼睛將飛鏢擲到牆上。快速建立成功模型的關鍵是辨識出並解決模型失敗的特定原因。

考慮到這兩個動機，我們將介紹幾種方法來更深入地研究模型的效能。

評估模型：不只聚焦在準確度上

有無數種方法可以檢查模型的效能，我們將不介紹所有可能的評估方法。我們將著重在介紹一些通常有助於釐清表面下可能發生什麼情況的方法。

在探查模型效能時，請將自己視為偵探，接下來介紹的每種方法都是提供您線索的不同方法。我們將從比對模型預測與資料以發現有趣模式的多種技術開始介紹。

比對資料和預測的結果

深入評估模型的第一步是找到比總指標更細緻的方式來比對資料和預測。我們想分解總效能指標，例如：不同資料子集合的準確度、精確度或召回率，讓我們看看如何應對常見的 ML 分類挑戰。

您可以在本書 GitHub 儲存庫（*https://oreil.ly/ml-powered-applications*）中比對資料和預測的筆記本內看到所有範例程式。

對於分類問題，我通常建議先查看混淆矩陣（confusion matrix），如圖 5-6 所示，該矩陣的列（rows）代表每個真實的類別；行（columns）代表模型的預測類別。一個具有完美預測的模型將具有一個除了從左上角到右下角的對角線之外，其餘數值都是零的混淆矩陣，但實際上，這種情況很少發生。讓我們看看為什麼混淆矩陣通常非常有用。

混淆矩陣

混淆矩陣使我們一眼就能看出我們的模型在某些類別上是否特別成功，而在其他類別上表現掙扎，這對於具有許多不同或不平衡類別的資料集特別有用。

我看過很多準確度很高的模型，顯示出來的混淆矩陣其中一行完全是零，這代表該模型永遠不會預測到這類，這通常發生在稀有的類別上。有時候可能是無害的，但是，如果稀有類別代表重要的結果，例如：借款人拖欠貸款，那麼混淆矩陣將幫助我們注意到問題，比如我們可以透過在模型的損失函數中更重地衡量稀有類別來導正它。

圖 5-6 的第一列顯示，在預測低品質問題時，我們訓練的初始模型效果很好，最下面一列顯示該模型難以偵測所有高品質的問題，確實，在所有獲得高分的問題中，我們的模型僅一半正確預測了他們的類別，但是，在右行中，我們可以看到當模型預測問題的品質很高時，其預測往往是準確的。

處理兩個以上類別的問題時，混淆矩陣可能會更加有用。例如：我曾經和一名工程師合作，他試圖從語音中對單詞進行分類，並為最新模型繪製了混淆矩陣，他立即注意到兩個對稱的非對角線值異常高，這兩個類別（每個代表一個單詞）使模型混淆而且導致大多數的錯誤，經過進一步檢查，結果發現混淆該模型的單詞是 *when* 和 *where*。收集這兩個例子的其他資料足以幫助模型更好地區分這些聽起來相似的單詞。

混淆矩陣使我們能夠將模型的預測與每個類別的真實類別進行比較，在為模型除錯時，我們可能希望看得比模型的預測結果更深入，並檢查模型輸出的機率。

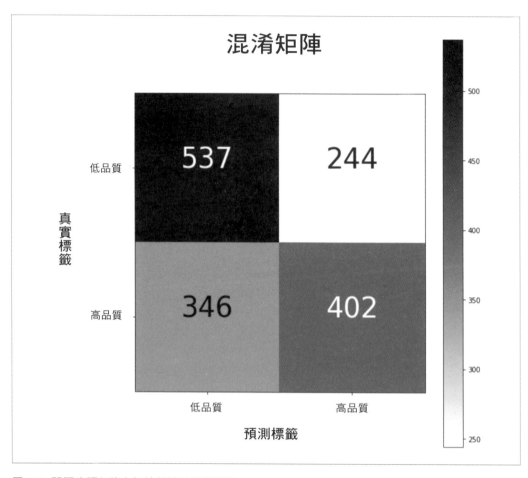

圖 5-6 問題分類任務中初始基線的混淆矩陣

ROC 曲線

對於二元分類問題，接收器操作特性（receiver operating characteristic，ROC）曲線也可能非常有用，ROC 曲線是將真陽率（true positive rate，TPR）繪製為偽陽率（false positive rate，FPR）的函數。

分類中的絕大多數模型都會回傳特定例子屬於某個類別的機率分數，這代表在推論時，如果模型給出的機率高於某個門檻值，我們可以選擇將一個例子歸於某個類別，這通常稱為判定門檻值（decision threshold）。

預設情況下，大多數分類器的判定門檻值使用 50％ 的機率，但是我們可以根據使用案例進行更改，透過將門檻值從 0 規律地更改到 1 並計算每個點的 TPR 和 FPR，我們就可以獲得 ROC 曲線。

有了模型的預測機率和相關的真實標籤之後，使用 scikit-learn 即可輕鬆獲得 FPR 和 TPR，接著我們就可以產生 ROC 曲線。

```
from sklearn.metrics import roc_curve

fpr, tpr, thresholds = roc_curve(true_y, predicted_proba_y)
```

對於 ROC 曲線，了解兩個細節非常重要，例如圖 5-7 中繪製的曲線。首先，左下角到右上角之間的對角線表示隨機猜測，代表模型要擊敗的隨機基線，所以分類器 / 門檻值的搭配應該高於此線，此外，左上角的綠色虛線代表了完美的模型。

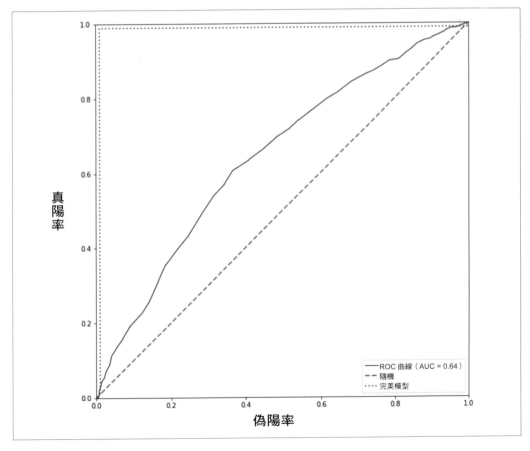

圖 5-7 初始模型的 ROC 曲線

由於這兩個細節，分類模型通常使用曲線下的面積（area under the curve，AUC）來表示效能。AUC 越大，分類器就越接近「完美」模型，隨機模型的 AUC 為 0.5，而完美模型的 AUC 為 1。然而，當考量在實際應用中，我們應該選擇一個特定的門檻值，該門檻值可以為我們的使用案例提供最有用的 TPR/FPR 比率。

因此，我建議在 ROC 曲線上加上代表我們產品需求的垂直或水平線。當建立一個在緊急情況下可以將客戶請求發送到員工的系統，那麼您可以負擔的 FPR 完全取決於客服員工的能力和擁有的使用者數量，這代表甚至不應考慮 FPR 高於該限制的任何模型。

在 ROC 曲線上繪製門檻值可以讓您有一個更具體的目標，而不僅僅是獲得最大的 AUC 分數，以確保您的努力有計算進您的目標當中！

我們的 ML 寫作輔助編輯器模型將問題分為好壞，在這種脈絡下，TPR 代表我們的模型正確判斷為好問題的高品質問題的比例；FPR 是我們的模型認為是好問題但其實是壞問題的比例。如果我們不能幫助到使用者，則至少要確保我們不會傷害到他們，這代表我們不應該使用任何太頻繁建議壞問題的模型。因此，我們應該為 FPR 設置一個門檻值，例如 10％，並使用在該門檻值下可以找到的最佳模型。在圖 5-8 中，您可以看到呈現在 ROC 曲線上的要求；它大幅減少了模型可接受的判定門檻值的空間。

ROC 曲線使我們對模型的效能或多或少感到保守，進而對模型效能如何變化有了更細微的了解。查看模型預測機率的另一種方法是將其分佈與真實的類別分佈進行比較，以查看它是否經過正確校準。

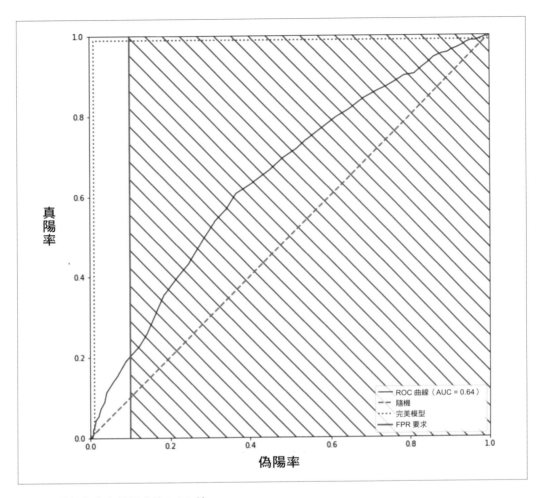

圖 5-8 增加代表產品需求的 ROC 線

校準曲線

校準圖是用於二元分類任務中另一種資訊豐富的作圖，因為它可以幫助我們了解模型的輸出機率是否很好地表示其信心度。校準圖呈現了真陽樣本的比例來作為分類器的信心度函數。

例如：在所有資料點中，我們分類器分類為陽性的機率高於 80％，實際上這些資料點中有多少是陽性的？完美模型的校準曲線將是從左下角到右上角的對角線。

在圖 5-9 中，我們可以在上方看到我們的模型在 .2 和 .7 之間做了很好的校準，但是在此範圍外的機率並沒有校準好。查看下面的預測機率直方圖，可以發現我們的模型很少預測超出該範圍的機率，這很可能導致前面顯示的極端結果。此模型對它的預測很少有信心。

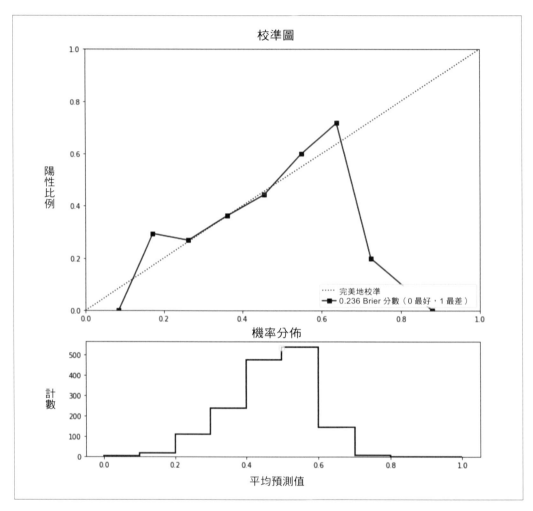

圖 5-9　校準曲線：對角線代表完美模型（上方）；預測值的直方圖（下方）

對於許多應用問題，例如：預測廣告投放的點擊率（CTR），當機率接近 0 或 1 時，資料會導致我們的模型非常偏差，而校準曲線將幫助我們一目瞭然。

為了診斷模型的效能，視覺化個別預測會很有價值。讓我們介紹一些使視覺化過程有效率的方法。

為錯誤進行降維

我們在第 74 頁「向量化」和第 84 頁「降維」中介紹了用於資料探索的向量化和降維技術，讓我們看看如何使用相同的技術使錯誤分析更有效率。

當我們第一次介紹如何使用降維方法來視覺化資料時，我們依照資料集的類別為資料集中的每個點著色，以觀察標籤的拓撲。在分析模型錯誤時，我們可以使用不同的配色模式來識別錯誤。

為了辨識出錯誤的趨勢，請根據模型預測是否正確來為每個資料點著色，這將使您能夠識別模型表現不佳的相似資料點類型，當確定了模型效果不佳的區域，就可以查看其中的一些資料點。視覺化困難的例子是生成它們特徵表示的好方法，以幫助模型更好地擬合它們。

為了幫助我們顯示出困難實例中的趨勢，您還可以使用第 87 頁「分群」中的方法，對資料進行分群後，評估每個集群上的模型效能並識別模型效能最差的集群，並檢查這些集群中的資料點，以幫助您生成更多特徵。

降維技術是顯示具有挑戰性例子的一種方法。此外，我們還可以直接使用模型的信心度得分。

Top-k 方法

尋找密集的錯誤區域有助於確定模型的失敗模式。以上，我們使用降維來幫助我們找到這樣的區域，但是我們也可以直接使用模型本身，利用預測機率，我們可以辨識出最具挑戰性或模型最不確定的資料點，我們將此方法稱為 *top-k 方法*。

top-k 方法很直觀，首先，挑選可管理數量的例子來視覺化，其數量我們稱為 k。對於個人專案的視覺化結果而言，請從 10 到 15 個例子開始。為先前找到的每個類別或集群視覺化：

- 表現最好的 k 個例子
- 表現最差的 k 個例子
- 最不確定的 k 個例子

視覺化這些例子會幫助您辨別出簡單、困難或混淆模型的例子，讓我們更詳細地研究每種類型。

表現最好的 k 個例子

首先，展示模型最有信心且預測正確的 k 個例子，當視覺化這些例子時，目的在於辨識出能解釋模型效能的特徵值所具備的任何共通性，這會幫助您確認模型有成功利用到的特徵。

在視覺化成功的例子以確認模型所利用的特徵之後，繪製不成功的例子以識別模型無法利用的特徵。

表現最差的 k 個例子

展示模型最有信心但預測錯誤的 k 個示例，從訓練資料中的 k 個例子開始，然後是驗證資料。

就像視覺化錯誤集群一樣，視覺化模型在訓練集中表現最差的 k 個例子有助於識別模型失敗的資料點趨勢，展示這些資料點能幫助您辨識出使模型更容易使用的額外特徵。

例如：當探索 ML 寫作輔助編輯器初始模型的錯誤時，我發現某些問題的貼文得分很低，因為它們沒有包含實際的問題。該模型起初無法為這類問題預測出低分，因此我增加了一項特徵來計算內文中的問號，增加此特徵可以使模型對這些「沒有疑問」的問題做出準確的預測。

視覺化驗證資料中的 k 個最差例子可以幫助我們識別與訓練資料明顯不同的例子。如果您確實發現驗證集中的例子太難了，請參見第 106 頁「切分您的資料集」中的提示來更新您的資料切分策略。

最後，模型不一定總是對正確或錯誤有信心，他們還可以輸出不確定的預測。接下來，我將介紹這些內容。

最不確定的 k 個例子

視覺化 k 個最不確定的例子包含展示模型最沒自信的預測例子，對於本書主要關注的分類模型，不確定的例子就是模型對每個類別的輸出盡可能近於相同機率的例子。

如果模型已很好地校準（有關校準的說明，請參見第 121 頁「校準曲線」），則它將輸出均等的機率，例如：人類標籤者也不確定的機率，像是在貓和狗的分類器中，同時包含狗和貓的圖片則屬於此類別。

訓練集中不確定的例子通常是衝突標籤的徵兆。實際上，如果訓練集包含兩個重複或相似但被標籤為不同類別的例子，則當出現此例子時，模型會為每個類別輸出相等的機率以最小化訓練期間的損失，因此，衝突標籤會導致不確定的預測，您可以使用 top-k 方法來試著找到這些例子。

在驗證集中繪製前 k 個最不確定的例子可以幫助您找到訓練資料中的缺口。模型不確定但對人類而言標籤清楚的驗證例子，通常是該模型尚未在訓練集中接觸到這類資料的信號。繪製驗證集中前 k 個不確定的例子有助於識別訓練集中應該存在的資料類型。

top-k 的評估能以簡單直觀的方式實作。在下一部分中，我將分享一個範例。

top-k 實作技巧

以下是與 pandas DataFrames 一起使用的簡單 top-k 實作，該函式將包含預測機率和標籤的 DataFrame 作為輸入，並回傳上述的每種 top-k，這可以在本書的 GitHub 儲存庫（*https://oreil.ly/ml-powered-applications*）中找到。

```
def get_top_k(df, proba_col, true_label_col, k=5, decision_threshold=0.5):
    """
    用於二元分類問題
    回傳每個類別中 k 個最正確和錯誤的例子
    也回傳 k 個不確定的例子
    :param df: 包含預測、真實標籤的 DataFrame
    :param proba_col: 預測機率的欄位名稱
    :param true_label_col: 真實標籤的欄位名稱
    :param k: 每個類別要顯示的例子數
    :param decision_threshold: 分類器預測為陽性的判定門檻值
    :return: correct_pos, correct_neg, incorrect_pos, incorrect_neg, unsure
    """
    # 獲取正確和錯誤的預測
    correct = df[
        (df[proba_col] > decision_threshold) == df[true_label_col]
    ].copy()
    incorrect = df[
        (df[proba_col] > decision_threshold) != df[true_label_col]
    ].copy()
```

```
top_correct_positive = correct[correct[true_label_col]].nlargest(
    k, proba_col
)
top_correct_negative = correct[~correct[true_label_col]].nsmallest(
    k, proba_col
)

top_incorrect_positive = incorrect[incorrect[true_label_col]].nsmallest(
    k, proba_col
)
top_incorrect_negative = incorrect[~incorrect[true_label_col]].nlargest(
    k, proba_col
)

# 獲取最接近判定門檻值的例子
most_uncertain = df.iloc[
    (df[proba_col] - decision_threshold).abs().argsort()[:k]
]

return (
    top_correct_positive,
    top_correct_negative,
    top_incorrect_positive,
    top_incorrect_negative,
    most_uncertain,
)
```

讓我們藉由用於 ML 寫作輔助編輯器的 top-k 方法來說明它。

用於 ML 寫作輔助編輯器的 top-k 方法

我們將應用 top-k 方法在我們訓練的第一個分類器。本書的 GitHub 儲存庫（*https://oreil.ly/ml-powered-applications*）中提供了包含 top-k 方法使用範例的筆記本。

圖 5-10 呈現了我們第一個 ML 寫作輔助編輯器模型的每個類別中最正確的兩個例子，這兩個類別中差異最大的特徵是 text_len，它代表文本的長度。分類器學習到好的問題往往很長，而不好的問題很短，模型很大程度地依賴文本長度來區分類別。

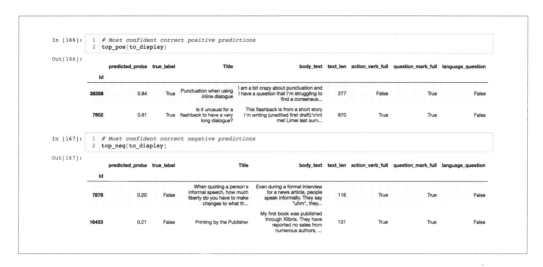

圖 5-10　最正確的 top-k

圖 5-11 確認了這個假設,我們的分類器預測最可能被回答但實際未被回答的是最長的問題,反之亦然。此觀察結果也證實了我們在第 129 頁「評估特徵重要性」中所發現到的,在那裡我們認為 text_len 是最重要的特徵。

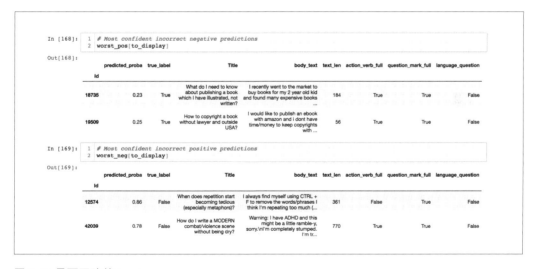

圖 5-11　最不正確的 top-k

我們已經建立了能利用 text_len 輕易辨別已回答和未回答問題的分類器。但是只有此特徵還不足夠，所以會導致錯誤分類，我們應該增加更多特徵來改進我們的模型。視覺化多於兩個例子將有助於辨識出更多候選的特徵。

在訓練和驗證資料上使用 top-k 方法有助於辨識出模型和資料集的限制。我們已經介紹了它如何幫助我們確認模型是否具有表示資料的能力、資料集是否足夠平衡，以及是否包含足夠的具代表性例子。

因為分類模型適用於許多具體的應用問題，所以我們大多介紹分類模型的評估方法。讓我們簡要地看看不做分類時檢查效能的方法。

其他模型

可以使用分類的架構評估許多模型。例如：在物體偵測中，目標是模型輸出圖像中感興趣物體周圍的定界框（bounding box），而準確度是一個通用指標。由於每個圖像可以擁有代表物體和預測的多個定界框，因此計算準確度需要額外的步驟。首先，計算預測和標籤之間的重疊（通常使用 Jaccard 指數（*https://oreil.ly/eklQm*））可以將每個預測標記為正確或錯誤，就能計算準確度並使用本章中所有先前的方法。

相同地，在建立旨在推薦內容的模型時，最好的疊代方法通常是在各種類別上測試模型並報告其效能。然後，評估變得類似於分類問題，其中每類推薦即代表一個分類類別。

對於使用這種方法可能會很棘手的問題類型（例如：生成式模型），您仍然可以使用先前對資料的探索來將資料集切分至多個類別，並為每個類別產生效能指標。

當我與資料科學家合作建立句子簡化模型時，我們以句子長度作為條件來檢查模型效能，結果證明更長的句子對模型來說要困難得多。這需要檢查和手動標籤，但使得擴充訓練資料中較長的句子成為下一步的明確行動，進而顯著提高了效能。

透過比對模型的預測和標籤，我們介紹了許多檢查模型效能的方法。但是，其實我們也可以直接檢查模型本身，如果某個模型的效能一點也不好，則試著解釋它的預測結果是值得做的事。

評估特徵重要性

分析模型效能的另一種方法是檢查模型用來預測的特徵,這樣做稱為特徵重要性分析,評估特徵重要性有助於剔除或疊代目前對模型沒有幫助的特徵,特徵重要性還有助於辨識可疑的預測性特徵,這通常是資料洩漏的信號。我們會從能輕鬆生成特徵重要性的模型開始,然後介紹一些也許不太容易直接提取這些特徵的案例。

直接取自分類器

要驗證模型是否正常運作,請視覺化模型正在使用或忽略的特徵,對於比如迴歸或決策樹之類的簡單模型,要提取特徵重要性只要簡單地查看模型中學習到的參數即可。

對於我們在 ML 寫作輔助編輯器案例中所使用的第一個模型:隨機森林,我們可以簡單地使用 scikit-learn 的 API 來獲取所有特徵重要性的排名列表。特徵重要性的程式碼以及它的用法,您可以在本書 GitHub 儲存庫的特徵重要性筆記本中找到(*https://oreil.ly/ml-powered-applications*)。

```
def get_feature_importance(clf, feature_names):
    importances = clf.feature_importances_
    indices_sorted_by_importance = np.argsort(importances)[::-1]
    return list(
        zip(
            feature_names[indices_sorted_by_importance],
            importances[indices_sorted_by_importance],
        )
    )
```

如果我們在訓練好的模型使用以上功能,並做一些簡單的串列處理後,我們就可以得到十個最具參考價值的特徵簡單列表:

```
Top 10 importances:

text_len: 0.0091
are: 0.006
what: 0.0051
writing: 0.0048
can: 0.0043
ve: 0.0041
on: 0.0039
not: 0.0039
story: 0.0039
as: 0.0038
```

這裡有幾件事需要注意：

- 文本長度是最具參考價值的特徵。

- 我們生成的其他特徵根本沒有出現，其重要性還比其他特徵低一個數量級，模型無法利用它們有意義地區分類別。

- 其他特徵代表非常一般的單詞或與寫作主題相關的名詞。

因為我們的模型和特徵很簡單，所以這些結果實際上可以為我們提供建立新特徵的想法。例如：我們可以增加一項特徵，該特徵可以計算常用單詞和稀有單詞的使用情況，以查看它們對於得分較高的答案是否具預測性。

如果特徵或模型變得複雜，則產生特徵重要性需要使用模型解釋性工具。

黑盒子解讀器

當特徵變得複雜時，特徵重要性就難以解釋。一些更複雜的模型比如神經網路，甚至可能無法揭露它學習到的特徵重要性。在這種情況下，利用黑盒子解讀器會很有用，這些解讀器試圖獨立於模型的內部原理來解讀模型的預測。

一般來說，這些解讀器會在局部而非全域的給定資料點上確認模型的預測性特徵，它們透過更改給定例子的每個特徵值，並觀察模型預測結果如何變化來做到這一點。LIME（*https://github.com/marcotcr/lime*）和 SHAP（*https://github.com/slundberg/shap*）是兩個受歡迎的黑盒子解讀器。

有關使用它們的完整範例，請參見本書 GitHub 儲存庫（*https://oreil.ly/ml-powered-applications*）中黑盒子解讀器的筆記本。

圖 5-12 呈現了 LIME 提供的解讀，其中哪些單詞對於決定將此問題例子歸類為高品質是最重要的，LIME 透過反覆從輸入問題中刪除單詞，並查看哪些單詞使我們的模型更傾向於某一類還是另一類來產生這些解讀。

我們可以看到該模型正確地預測該問題將獲得高分，但是該模型沒有信心，只輸出了52％的機率。圖 5-12 的右側顯示了對預測最有影響力的單詞。

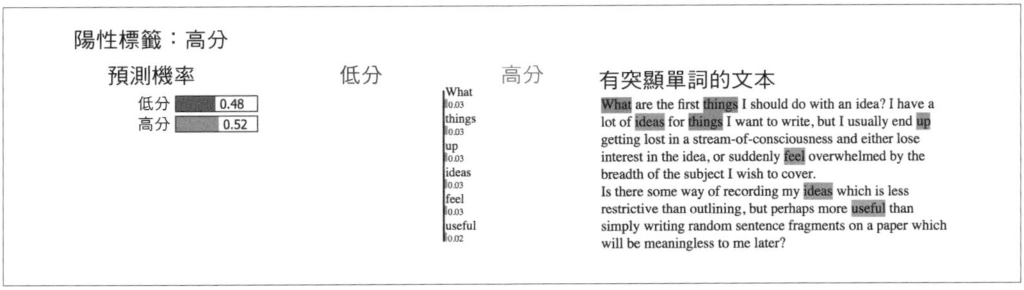

圖 5-12 解讀一個特定的例子

這些單詞似乎與高品質的問題沒有特別相關，因此讓我們研究更多的例子以查看模型是否利用了更多有用的模式。

為了快速了解趨勢，我們可以對較大的問題樣本使用 LIME，對每個問題運行 LIME 並彙整結果，就能使我們了解整體上模型找到了哪些具預測性的單詞來做決定。

在圖 5-13 中，我們繪製了資料集裡 500 個問題中最重要的預測特徵。我們可以看到，在更大的樣本中，利用常用詞的模型趨勢也很明顯，模型似乎在利用常用詞之外就很難一般化了，而代表罕見詞的詞袋特徵最常是零值。為了改善這個，我們可以收集更大的資料集使模型接觸到更多的詞彙，或是創建較不稀疏的特徵。

您通常會對模型最終使用的預測因子感到驚訝。如果任何特徵對模型的預測效果都比您預期的還要好，請嘗試在訓練資料中查詢包含這些特徵的例子並進行檢查，利用這個機會來再次檢查如何切分資料集並注意資料洩漏。

例如：當建立一個根據郵件內容自動將電子郵件分類為不同主題的模型時，我所指導的 ML 工程師曾發現最佳預測因子竟然是電子郵件上一串包含三個字母的編碼。事實證明，這是資料集的內部編碼，幾乎完美地映射到了標籤，該模型完全忽略了電子郵件的內容，並記住了一個預先存在的標籤。這是一個明顯的資料洩漏範例，只有透過查看特徵重要性才能夠捕捉到它。

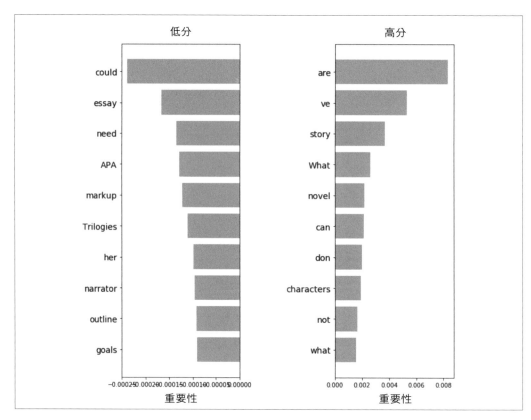

圖 5-13 解讀多個例子

總結

在本章的一剛開始，我們討論了至今所學的知識來決定初始模型的準則。接著，我們介紹了將資料切分為多個組別的重要性，以及避免資料洩漏的方法。

在訓練了一個初始模型之後，我們透過尋找不同的方法來比對預測結果與資料，進而探究判斷效能的方法。最後，我們藉由展示特徵重要性並使用黑盒子解讀器來檢查模型本身，以對模型用來預測的特徵有直觀的了解。

到現在，您應該已經對建模可以進行的改進有了一些直觀的認識。這會帶我們進入第 6 章的主題，在下一章中，我們將對 ML 管線進行除錯和故障排除，以更深入地探討我們在這裡所浮現問題的解決方法。

為您的 ML 問題除錯

在前一章中,我們訓練並評估了第一個模型。

要使管線達到令人滿意的效能水準非常困難且需要多次疊代。本章的目的是引導您完成這種疊代循環。在本章中,我將介紹為建模管線的除錯工具以及撰寫測試的方法,以確保當更新它們時,還是可以正常運作。

軟體的最佳做法是鼓勵工作人員定期去測試、驗證並檢查程式碼,尤其是安全性或解析輸入之類的敏感步驟,這對於 ML 也沒有什麼不同。然而,在 ML 中的錯誤比在傳統軟體中更難被發現。

我們將介紹一些會幫助您確保管線穩定可靠的技巧,並且可以在不導致整個系統出現故障的情況下進行嘗試。不過,讓我們先深入了解軟體的最佳做法!

軟體的最佳做法

對於大多數 ML 專案,您會重複進行建立模型、分析缺陷並多次處理它們的過程。您還可能要多次更改基礎設施的每個部分,因此找到提高疊代速度的方法相當重要。

ML 與其他任何的軟體專案一樣,您應遵循經得起時間考驗的軟體最佳做法。它們大多數可以不做任何修改就應用在 ML 專案之中,例如:僅建立您所需要的部分,這通常稱為「保持愚蠢和簡單」(Keep It Stupid Simple)(KISS(*https://oreil.ly/ddzav*))原則。

ML 專案的本質是疊代的，並且經歷了資料清理、特徵生成演算法以及模型選擇。即使遵循這些最佳做法，也常常會導致兩個部分的疊代速度降低：除錯和測試。加快除錯和測試撰寫速度可能會對所有的專案產生重大影響，但對於 ML 專案而言影響更大，因為 ML 的隨機性會使一個簡單的錯誤變成需要花好幾天查明的工作。

有許多資源可以幫助您學習如何為一般的程式除錯，例如：芝加哥大學簡潔的除錯指南（*https://oreil.ly/xwfYn*）。如果您像大多數 ML 從業者一樣選擇 Python 程式語言，則建議您查閱 Python 標準函式庫文件中的除錯模組 pdb（*https://oreil.ly/CBldR*）。

然而與大多數軟體相比，ML 程式碼通常能看似正確地執行，但產生完全荒謬的結果。這代表儘管這些工具和技巧適用於大多數 ML 程式碼，但不足以診斷常見的問題。我在圖 6-1 中對此進行了說明：雖然在大多數軟體應用程式中具有很好的測試覆蓋率（test coverage），能使我們高度確信我們的應用程式運作良好，但是 ML 管線可以在經過許多測試之後，卻仍然給出完全錯誤的結果。一個 ML 應用程式不僅需要運行——它還應該產生準確的預測輸出。

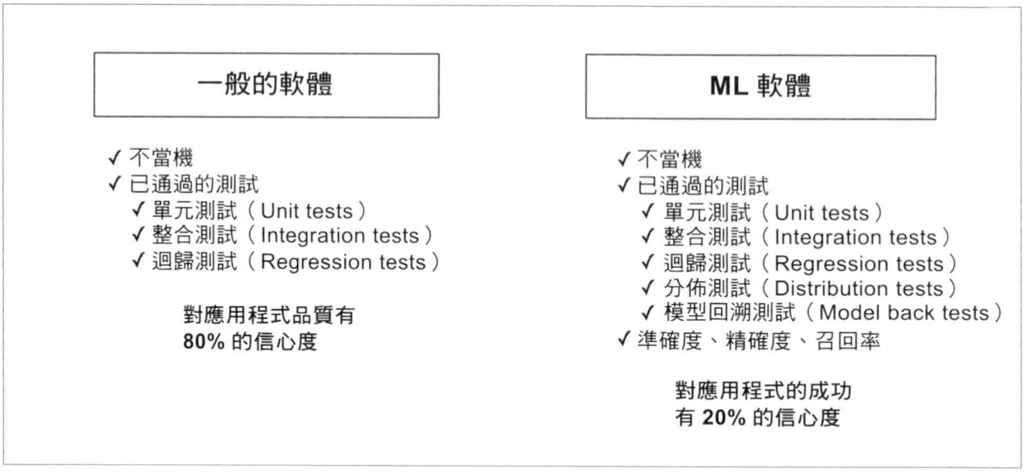

圖 6-1　ML 管線能無誤地執行但結果仍是錯誤的

因為 ML 在除錯方面會帶來一系列額外的挑戰，因此讓我們介紹一些有用的特定方法。

ML 特定的最佳做法

當談到 ML 而不是其他類型的軟體時,僅擁有一個端對端可執行的程式不足以令人相信它的正確性。因為 ML 的整個管線可以毫無錯誤地運行,並產生完全沒用的模型。

假設您的程式讀取了資料並將它傳給模型,您的模型會接收這些輸入,並根據學習演算法來最佳化模型的參數。最後,您已訓練的模型會從一組不同的資料中產生輸出,您的程式就會沒有任何可見的錯誤而可以順利運行,不過問題在於只透過運行程式的話,就無法保證模型的預測是正確的。

大多數模型只採用特定形狀的數值型輸入(例如:表示圖像的矩陣),而輸出不同形狀的資料(例如:輸入圖像中關鍵點的座標串列)。這代表在資料處理步驟時,即使資料在傳給模型之前就被破壞了,但大多數的模型仍可運作,只要這個資料仍然是數字,並且形狀可以作為模型的輸入即可。

如果您的建模管線效能不佳,您如何知道這是由於模型的品質問題,還是在過程中較早就出現的錯誤所致?

解決這些 ML 問題的最佳方法是依循漸進的方式,首先去驗證資料流,接著再去驗證學習能力,最後是一般化和推論。圖 6-2 概述了本章將介紹的過程。

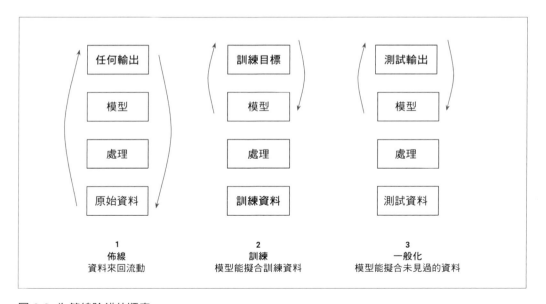

圖 6-2 為管線除錯的順序

本章將引導您完成這三個步驟中的每個步驟，並深入解釋每個步驟。當遇到一個令人困惑的錯誤時，可能會讓人忍不住跳過此計畫中的步驟，但是絕大多數的時候，我發現依循這種原則性方法是辨識並糾正錯誤的最快方法。

讓我們首先驗證資料流。最簡單的方法是先取得很小的資料子集，並驗證資料是否可以持續流經您的管線。

佈線除錯：視覺化和測試

第一步很簡單，當您採用它將使生活大幅變得更輕鬆：首先，使管線適用於資料集中的一小部分例子，這對應於圖 6-2 中的佈線步驟。當確定管線可用於一些例子之後，就可以撰寫測試以確保管線在進行更改時仍能正常運行。

從一個例子開始

起始步驟的目標是驗證您能夠接收資料、以正確的格式對其進行轉換、將其傳給模型，以及使模型正確地輸出。在這個階段中，您還無法判斷模型是否可以學到什麼，只能判斷管線是否可以讓資料通過。

具體而言，這代表：

- 從您的資料集中選擇一些例子
- 使您的模型輸出這些例子的預測
- 使您的模型更新參數，以輸出這些例子的正確預測

前兩個項目注重驗證我們的模型可以接收輸入資料，然後產生看起來合理的輸出。從建模的角度來看，這個起始的輸出很可能是錯誤的，但是它讓我們能夠檢查資料是否能持續流過。

最後一項是確保我們的模型能夠學習到給定輸入到對應輸出的映射，擬合幾個資料點將不會產生有用的模型，並且可能會導致過擬合，所以此過程只是讓我們能夠驗證模型是否能更新參數以擬合一組輸入和輸出。

這是它第一步實際上看起來的樣子：如果您正在訓練一個模型來預測 Kickstarter 活動是否會成功，那麼您可能會規劃從最近幾年中所有活動的資料來進行訓練。依循這個技

巧，您應該首先去檢查模型是否可以輸出兩個活動的預測。然後，使用這些活動的標籤（無論它們是否有成功）來最佳化模型的參數，直到預測出正確的結果。

如果我們選擇了適當的模型，那麼它應該具有能夠從資料集中學習的能力。而且，如果我們的模型可以從整個資料集中學習，那麼它應該具有可以記憶單個資料點的能力，從少數幾個例子中學習的能力是模型能從整個資料集中學習的必要條件。驗證還比整個學習過程容易得多，因此從一個學習過程開始，讓我們可以快速聚焦在任何將來可能出現的問題。

在起始階段，可能出現的絕大多數錯誤都與資料不一致有關：正在載入和預處理的資料以模型不能接受的格式被餵入。例如：由於大多數模型僅接受數值型資料，因此當未給予或給的值是空值時，它們可能會故障。

某些不一致的情況可能更難以捉摸，並導致悄悄地故障。管線餵入的數值不在正確範圍或形狀內的值仍然可以運行，但是會產生效能不佳的模型。需要標準化資料的模型通常仍會在非標準化的資料上進行訓練：它們根本無法以有用的方式進行擬合。同樣地，將形狀錯誤的矩陣輸入模型，可能會導致模型誤解輸入，然後產生錯誤的輸出。

捕捉這類的錯誤是更加困難的，因為當我們評估了模型的效能，這些錯誤就會在稍後的過程中顯現出來。主動檢測它們的最佳方法是視覺化呈現我們為編碼假設所建立的管線和測試。

視覺化步驟

正如我們在前幾章中所看到的那樣，雖然指標是建模工作中相當關鍵的部分，但定期檢查並探究我們的資料也同樣重要，僅觀察幾個例子就可以更輕鬆地注意到更改或不一致之處。

此過程的目標是定期檢查更改部分，如果您將資料管線視為一個組裝線，您要在每次**有意義的更改後**檢查產品，這代表檢查每條線中資料點的值可能太頻繁了，但只查看輸入和輸出值所獲得的資訊量絕對不夠。

在圖 6-3 中，我說明了一些例子的查核點，可用於檢查資料管線。在此範例中，我們會分成多個步驟來檢查資料，從原始資料一路到模型的輸出。

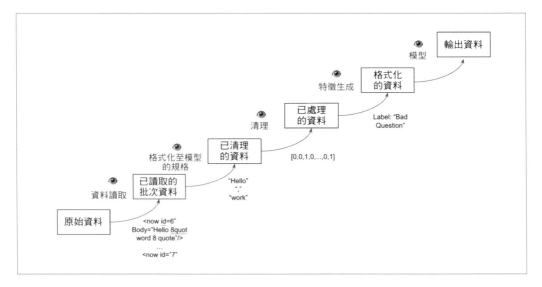

圖 6-3 可能的查核點

接下來，我們將介紹一些值得檢查的關鍵步驟。我們將從資訊讀取開始，然後繼續進行清理、特徵生成、格式化以及模型輸出。

資料讀取

無論是從硬碟或是透過調用 API 來讀取資料，您都需要驗證其格式是否正確。這個過程與執行 EDA 時經歷的過程類似，但在此處完成的過程是在您建立的管線環境中完成的，以驗證沒有錯誤導致資料損壞。

它是否包含您期望的所有欄位？這些欄位中的任何一個是否為空值或是常數呢？是否有任何值在看起來不正確的範圍內，例如：年齡變數有時候是負值？如果您正在處理文本、語音或圖像，例子是否如您對它們看起來、聽起來或讀起來的預期一樣？

大多數我們的處理步驟都取決於我們對輸入資料的結構所作的假設，因此這方面的驗證非常重要。

因為這裡的目標是確定我們對資料的期望與現實之間的不一致，所以您可能會希望視覺化一個或兩個以上的資料點。視覺化具代表性的樣本將確保我們不會僅觀察到一個「幸運的」樣本，就錯誤地認為所有資料點品質相同。

圖 6-4 呈現了本書 GitHub 儲存庫（*https://oreil.ly/ml-powered-applications*）中的資料集探索筆記本中的案例研究。在這裡，我們檔案中的數百則貼文是屬於無資料紀錄的貼文類型，因此需要過濾掉。在圖中，您可以看到 PostTypeId 的值為 5 的列，這個值在資料集文檔中未被引用，因此我們從訓練資料中將它刪除。

```
In [5]:    1  df[df["Body"].isna()]
```

wnedDate	CreationDate	FavoriteCount	LastActivityDate	LastEditDate	...	ParentId	PostTypeId	Score	Tags	Title	ViewCount	body_text	text_len	tokenized	is_question
NaN	2011-03-22T19:49:56.600	NaN	2011-03-22T19:49:56.600	2011-03-22T19:49:56.600	...	NaN	5	0	NaN	NaN	NaN	NaN	0	[]	False
NaN	2011-03-22T19:51:05.897	NaN	2011-03-22T19:51:05.897	2011-03-22T19:51:05.897	...	NaN	5	0	NaN	NaN	NaN	NaN	0	[]	False
NaN	2011-03-24T19:35:10.353	NaN	2011-03-24T19:35:10.353	2011-03-24T19:35:10.353	...	NaN	5	0	NaN	NaN	NaN	NaN	0	[]	False
NaN	2011-03-24T19:41:38.677	NaN	2011-03-24T19:41:38.677	2011-03-24T19:41:38.677	...	NaN	5	0	NaN	NaN	NaN	NaN	0	[]	False
NaN	2011-03-24T19:58:59.833	NaN	2011-03-24T19:58:59.833	2011-03-24T19:58:59.833	...	NaN	5	0	NaN	NaN	NaN	NaN	0	[]	False
NaN	2011-03-24T20:05:07.753	NaN	2011-03-24T20:05:07.753	2011-03-24T20:05:07.753	...	NaN	5	0	NaN	NaN	NaN	NaN	0	[]	False
NaN	2011-03-24T20:22:44.603	NaN	2011-03-24T20:22:44.603	2011-03-24T20:22:44.603	...	NaN	5	0	NaN	NaN	NaN	NaN	0	[]	False

圖 6-4　視覺化一些列的資料

當確認資料符合資料集文檔中列出的期望後，就可以開始進行建模處理了。從資料清理開始。

清理與特徵選擇

大部分管線的下一步是刪除所有不必要的資訊，這可以包含在模型中將用不到的欄位或數值，以及任何在生產環境中模型不會取用的標籤資訊（請參見第 106 頁「切分您的資料集」）。

請記住您刪除的每個特徵都是模型可能的預測指標，決定保留和刪除哪些特徵的任務稱為**特徵選擇**（*feature selection*），而且是疊代模型中的一部分。

您應該去驗證沒有丟失任何重要資訊、是否刪除了所有不需要的數值，以及您沒有在資料集中留下任何多餘的資訊，這些會以洩漏資訊的方式人為地提高模型效能（請參見第 109 頁「資料洩漏」）。

當清除資料後，您會希望能夠生成一些特徵供模型使用。

特徵生成

在生成新的特徵時，例如：在 kickstarter 活動的描述中添加對產品名稱的引用頻率，檢查它的數值非常重要。您需要檢查特徵值是否已填上且看起來合理，這是一項具有挑戰性的任務，因為它不僅需要識別所有的特徵，而且還需要為每個特徵推估合理的數值。

在這一點上，您無需進行更深入的分析，因為此步驟的重點是對流經模型的資料進行假設的驗證，還不是針對資料或模型的有用性。

生成特徵後，您要確保可以將它以可理解的格式傳給模型。

資料格式化

正如我們在前面的章節中所討論的，在將資料點傳給模型之前，您需要將它們轉換為可以理解的格式。這包括標準化的輸入值、以數值形式表示的向量化文本，或是格式化為 3D 張量的黑白影片（請參見第 74 頁「向量化」）。

如果您正在處理監督式的問題，則除了輸入內容之外，還要使用標籤，例如：分類中的類別名稱或圖像分割中的分割圖，這些也需要轉換為模型可理解的格式。

根據我處理多個圖像分割問題的經驗，例如：標籤和模型預測之間的資料不一致是導致錯誤的最常見原因之一。分割模型使用分割遮罩（mask）作為標籤，這些遮罩的大小與輸入圖像的大小相同，但它們不是像素值，而是每個像素的類別標籤。不幸的是，不同函式庫使用了不同的規定來表示這些遮罩，因此標籤結果經常是錯誤的格式，因而阻礙了模型的學習。

我已經在圖 6-5 中說明了這個常見的陷阱。假設某個模型期望對特定類別的像素使用值為 255 的分割遮罩，否則為 0。如果使用者卻認為遮罩中包含的像素值應該是 1 而不是 255，則他們也許會用「已提供」的格式來傳遞他們的已標籤遮罩，這將導致遮罩會被認為幾乎是完全空的，因此模型將會輸出不準確的預測。

同樣地，分類標籤通常表示為 0 的串列，僅在真實類別的索引有單個 1。一個簡單的離一誤差（off-by-one）可能導致標籤被移動，並且模型學習總是預測位移 1 的標籤。如果您不花時間查看資料，則這類錯誤可能很難被解決。

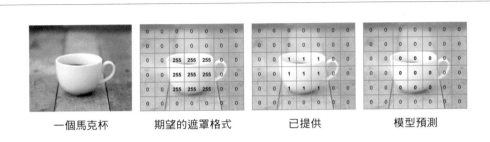

一個馬克杯　　　　期望的遮罩格式　　　　已提供　　　　模型預測

圖 6-5 不好的標籤格式將會阻礙模型的學習

因為 ML 模型將設法適應大多數數值的輸出，而不管它們是否具有正確的結構或內容，所以在此階段會出現許多棘手的錯誤，而此方法可用於找到它們。

這是我們案例研究中格式化函式的一個例子，我產生問題文本的向量化表示後，將其他特徵加到這個表示中，因為這個函式包含了多個轉換和向量運算，所以視覺化這個函式的回傳值讓我能夠驗證它是否有按照我們期望的方式來格式化資料。

```python
def get_feature_vector_and_label(df, feature_names):
    """
    使用向量特徵和特徵名稱來產生輸入和輸出向量
    :param df: 輸入 DataFrame
    :param feature_names: 特徵的欄位名稱（除了向量之外）
    :return: 特徵陣列和標籤陣列
    """
    vec_features = vstack(df["vectors"])
    num_features = df[feature_names].astype(float)
    features = hstack([vec_features, num_features])
    labels = df["Score"] > df["Score"].median()
    return features, labels

features = [
    "action_verb_full",
    "question_mark_full",
    "text_len",
    "language_question",
]

X_train, y_train = get_feature_vector_and_label(train_df, features)
```

特別是在處理文本資料時，通常需要好幾個步驟才能為模型適當地格式化資料。從文字串列到已分詞的串列，再到包含可能附加特徵的向量化表示，這都是容易出錯的過程，連在每個步驟中檢查物件的形狀也有助於捕捉到許多簡單的錯誤。

當資料採用適當的格式後，您可以將其傳給模型。最後一個步驟是視覺化並驗證模型的輸出。

模型輸出

首先，查看輸出可以幫助我們了解模型的預測是否是正確的類型或是形狀（如果我們預測房屋價格和上市時間，我們的模型是否會輸出兩個數字的陣列？）。

另外，當模型擬合到只有幾個資料點時，我們應該看到其輸出開始與真實標籤匹配，如果模型不擬合資料點，則可能表明資料格式不正確或已損壞。

如果模型的輸出在訓練過程中完全沒有變化，則可能代表我們的模型實際上並未利用輸入的資料。在這種情況下，我建議參考第 35 頁「站在巨人的肩膀上」以驗證模型是否正確使用。

在完成整個流程的幾個例子之後，就可以撰寫一些測試以自動化某些視覺化的工作。

系統化我們的視覺驗證

進行前面介紹的視覺化工作有助於捕捉到大量的錯誤，對於每條新穎的管線都值得投入時間。驗證資料如何流經模型的假設有助於節省大量時間，現在可以將這些時間花在專注於訓練和一般化上。

但是，管線經常更改。當您疊代地更新各個方面以改善模型並修改某些處理邏輯時，又如何能保證一切仍如預期運作呢？每次進行任何更改時，您都需要查看整個管線並視覺化所有步驟的樣本，這樣很快就會感到厭倦。

這就是我們之前討論的軟體工程最佳做法發揮作用的地方。現在是時候獨立出管線的每個部分，並將我們的觀察結果編碼為可以隨著管線變化而運行的測試，以對其進行驗證。

分離您關切的部分

就像一般的軟體一樣，ML 從模組化的架構中大幅受益。為了使當前和將來的除錯更加容易，需要分離每個功能，以便在檢查更廣範圍的管線之前，可以檢查它是否可以個別運作。

當管線分解到個別的功能後，您就可以為它們撰寫測試。

測試您的 ML 程式碼

測試模型的表現很難。但是，ML 管線中的大多數程式碼與訓練管線或模型本身無關。如果您回顧第 40 頁「從簡單的管線開始」中的管線範例，則大多數功能的表現都是確定性的，而且可以被測試。

根據我的經驗，在幫助工程師和資料科學家為模型除錯時，我了解到絕大多數錯誤來自於資料的取得、處理或是餵入模型的方式。因此，測試資料處理邏輯對於建立成功的 ML 產品非常重要。

更多關於 ML 系統可能的測試資訊，我推薦 E. Breck 等人的論文，「The ML Test Score: A Rubric for ML Production Readiness and Technical Debt Reduction」（*https://oreil.ly/ OjYVl*），其中包含更多例子和從在 Google 部署此類系統所獲得的經驗與教訓。

在下一部分中，我們將描述針對這三個關鍵的部分撰寫的有用測試。在圖 6-6 中，您可以看到每個部分以及一些測試的例子，我們將在下面介紹這些測試。

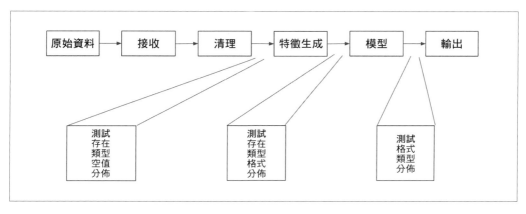

圖 6-6　要測試的三個關鍵區塊

管線要從接收資料開始，所以我們首要先測試這個部分。

測試資料接收

資料通常是依序儲存在硬碟或資料庫中，當將資料從儲存空間轉移到我們的管線時，我們應確保驗證資料的完整性和正確性。我們可以從撰寫測試開始，以驗證讀取的資料點是否具有我們需要的所有特徵。

以下三個測試是驗證我們解析器回傳正確的類別（一個 DataFrame）、已定義所有重要的欄位，並且特徵都不是空值。您可以在本書 GitHub 儲存庫（*https://oreil.ly/ml-powered-applications*）上的測試資料夾中找到我們在本章介紹的測試（以及其他測試）。

```python
def test_parser_returns_dataframe():
    """
    測試我們的解析器運行並回傳一個 DataFrame
    """
    df = get_fixture_df()
    assert isinstance(df, pd.DataFrame)


def test_feature_columns_exist():
    """
    驗證所有需要的欄位都存在
    """
    df = get_fixture_df()
    for col in REQUIRED_COLUMNS:
        assert col in df.columns


def test_features_not_all_null():
    """
    驗證特徵中的每個值都沒有遺失
    """
    df = get_fixture_df()
    for col in REQUIRED_COLUMNS:
        assert not df[col].isnull().all()
```

我們還可以測試每一個特徵的類型並驗證它不是空值。最後，我們可以透過測試平均值、最小值和最大值來編碼關於這些值的分佈和範圍的假設。最近，諸如 Great Expectations（*https://oreil.ly/VG6b1*）之類的函式庫已經出現，可以直接測試特徵的分佈。

在這裡，您可以看到如何撰寫簡單的平均值測試：

```
ACCEPTABLE_TEXT_LENGTH_MEANS = pd.Interval(left=20, right=2000)

def test_text_mean():
    """
    驗證文本平均長度符合探索時的預期
    """
    df = get_fixture_df()
    df["text_len"] = df["body_text"].str.len()
    text_col_mean = df["text_len"].mean()
    assert text_col_mean in ACCEPTABLE_TEXT_LENGTH_MEANS
```

這些測試使我們能夠驗證，無論是在儲存端還是使用資料來源的 API 進行了哪些更改，我們都能知道我們的模型可以存取與最初訓練時相同的資料。當我們對要接收資料的一致性充滿信心，就讓我們接著看看管線中的下一步：資料處理。

測試資料處理

在測試管線中起始部分的資料符合我們的期望之後，我們應該測試清理和特徵生成步驟是否達到了我們的期望。我們可以從預處理功能撰寫測試開始，以驗證它確實可以如我們預期。另外，我們可以對資料接收進行類似的測試，並著重於確保我們對進入模型的資料狀態的假設是有效的。

這代表我們要在處理管線之後測試資料點的存在、類型和特色。以下是生成特徵的存在，其類型、最小值、最大值和平均值的測試例子：

```
def test_feature_presence(df_with_features):
    for feat in REQUIRED_FEATURES:
        assert feat in df_with_features.columns

def test_feature_type(df_with_features):
    assert df_with_features["is_question"].dtype == bool
    assert df_with_features["action_verb_full"].dtype == bool
    assert df_with_features["language_question"].dtype == bool
    assert df_with_features["question_mark_full"].dtype == bool
    assert df_with_features["norm_text_len"].dtype == float
    assert df_with_features["vectors"].dtype == list

 def test_normalized_text_length(df_with_features):
    normalized_mean = df_with_features["norm_text_len"].mean()
    normalized_max = df_with_features["norm_text_len"].max()
    normalized_min = df_with_features["norm_text_len"].min()
```

```
    assert normalized_mean in pd.Interval(left=-1, right=1)
    assert normalized_max in pd.Interval(left=-1, right=1)
    assert normalized_min in pd.Interval(left=-1, right=1)
```

這些測試使我們能夠注意到管線對模型輸入有影響的所有變動,而無需撰寫其他的測試。只有在添加新特徵或更改模型輸入時,才需要撰寫新的測試。

現在,我們對接收的資料以及對其應用的轉換都充滿信心,所以現在該來測試管線的下一部分:模型。

測試模型的輸出

與前兩個類別相似,我們將撰寫測試以驗證模型輸出的數值具有正確的維度和範圍,我們還會測試特定輸入的預測,這有助於主動偵測新模型迴歸預測的品質,並確保我們使用的任何模型始終能在輸入這些樣本後產生預期的輸出。當新模型表現出更好的整體效能時,可能很難注意到它的效能在特定類型的輸入上是否變差了,撰寫這類測試能更輕鬆地偵測這種問題。

在以下範例中,我先測試模型預測的形狀及它們的數值。第三個測試目標是確保模型將用詞不佳的輸入問題分類為低品質以避免迴歸。

```
def test_model_prediction_dimensions(
    df_with_features, trained_v1_vectorizer, trained_v1_model
):
    df_with_features["vectors"] = get_vectorized_series(
        df_with_features["full_text"].copy(), trained_v1_vectorizer
    )

    features, labels = get_feature_vector_and_label(
        df_with_features, FEATURE_NAMES
    )

    probas = trained_v1_model.predict_proba(features)
    # 模型對每個輸入樣本做出一個預測
    assert probas.shape[0] == features.shape[0]
    # 模型對兩個類別預測機率值
    assert probas.shape[1] == 2


def test_model_proba_values(
    df_with_features, trained_v1_vectorizer, trained_v1_model
):
```

```
    df_with_features["vectors"] = get_vectorized_series(
        df_with_features["full_text"].copy(), trained_v1_vectorizer
    )

    features, labels = get_feature_vector_and_label(
        df_with_features, FEATURE_NAMES
    )

    probas = trained_v1_model.predict_proba(features)
    # 模型的機率範圍是從 0 到 1
    assert (probas >= 0).all() and (probas <= 1).all()


def test_model_predicts_no_on_bad_question():
    input_text = "This isn't even a question. We should score it poorly"
    is_question_good = get_model_predictions_for_input_texts([input_text])
    # 模型將問題分類為壞
    assert not is_question_good[0]
```

我們先以視覺的方式檢查了資料，以驗證資料在整個管線中仍然可用且有用。然後，我們撰寫了測試以確保隨著我們處理策略的發展，這些假設仍然正確。現在該是處理圖 6-2 的第二部分：訓練過程的除錯。

訓練的除錯：使您的模型學習

當測試管線並驗證它是否適用於一個例子後，您將會了解到幾件事。您的管線將接收資料並成功對其進行轉換。然後，管線將資料以正確的格式傳給模型。這個模型最後可以取得一些資料點並從中學習，進而輸出正確的結果。

現在該看看您的模型是否可以在多個資料點上運作並且從訓練集裡學習。下一部分的重點是能夠在許多例子上訓練模型並將其擬合至所有訓練資料。

為此，您現在可以將整個訓練集傳給模型並評估其效能。或是如果您有大量資料，也可以逐步增加餵給模型的資料量，同時去注意整體效能。

逐漸增加訓練資料集大小的好處是，您能夠測量其他資料對模型效能的影響。在傳入整個資料集之前，先從幾百個例子開始，然後再到幾千個例子上（如果您的資料集小於一千個例子，請直接跳過，並全部使用它們）。

在每個步驟中，使模型擬合於資料並在**相同**資料上評估它的效能。如果您的模型具有從正在使用的資料中學習的能力，則其在訓練資料上的效能應該保持相對地穩定。

為了從環境中考量模型效能，我建議您自己標籤一些例子，然後將預測結果與真實標籤進行比較，以估算出您的任務可接受的錯誤水平。大多數任務還帶有無法減少的錯誤，根據任務的複雜性，它們代表了最佳效能。參見圖 6-7，以了解與這些指標相比的一般訓練表現。

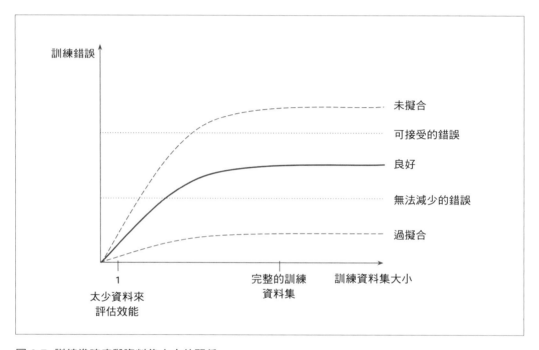

圖 6-7 訓練準確度與資料集大小的關係

模型在整個資料集上的效能應該比只使用一個例子差，因為記憶整個訓練集比單個例子還要難，但仍應該保持在先前定義的範圍內。

如果您能夠餵入整個訓練集，並且模型的效能達到了產品目標定義的要求時，請繼續進行下一部分！如果沒有，我將在下一節中概述模型在訓練集上遇到困難的兩個常見原因。

任務困難度

如果模型的效能大幅地低於預期，則設定的任務可能太難了。要評估任務的難度，請考慮：

- 您擁有的資料量和多樣性
- 您生成特徵的預測性如何
- 您模型的複雜度

讓我們更詳細地了解以上的每一個考慮。

資料品質、數量、多樣性

您的問題越多樣化、越複雜，模型從中學習所需的資料就越多。為了使模型學習模式，您應該針對每種類型的資料提供很多例子。舉例來說，如果您將貓的圖片歸類為一百個可能品種中的一類，那麼您所需要的圖片要比僅僅試圖告訴貓與狗不同的圖片多得多。實際上，您需要的資料量通常隨類別的數量成指數增長，因為擁有更多的類別代表有更多的錯誤分類機會。

除此之外，您擁有的資料越少，對標籤中所有的錯誤或遺失值的影響越大。這就是為什麼值得花時間去檢查和驗證資料集的特徵和標籤的原因。

最後，大多數資料集包含**離群值**（*outliers*），與其他資料點完全不同的資料點，而且模型很難去處理這些資料點。從訓練集中刪除離群值，通常可以簡化手上的任務來提高模型的效能，但這並不總是正確的方法：如果您認為模型在生產中可能遇到相似的資料點，則應保持離群值並**專注於改善您的資料與模型**，以便模型可以成功地擬合它們。

資料集越複雜，資料表示的方法就越有幫助，這將使模型更容易從中學習。讓我們看看這代表著什麼意義。

資料表示法

只使用您給模型的表示法來偵測您關心的模式有多容易？如果模型在訓練資料上表現不佳，則您應添加使資料更具表現力的特徵，進而幫助模型可以學得更好。

這可能包含我們先前決定忽略但可能具預測性的新穎特徵。在我們 ML 寫作輔助編輯器的例子中，模型的第一次疊代僅考慮了問題內文的文本，在進一步研究資料集之後，我注意到問題標題通常包含問題良好與否的資訊，將這個特徵重新整合到資料集中可以使模型表現更好。

通常可以透過疊代現有特徵或以創新的方式將其組合來生成新特徵，我們在第 91 頁「讓資料告訴我們特徵和模型」中看到了這樣的範例，當時我們觀察了將週中和月中第幾天的組合來生成與特定商業案例相關特徵的方法。

在某些情況下，問題出在您的模型上。接下來讓我們看看這些情況。

模型能力

提高資料品質和改進特徵通常可以帶來最大的好處。如果模型是導致效能不佳的原因，則通常可能代表它不適合目前的任務。正如我們在第 104 頁「從模式到模型」中看到的那樣，特定的資料集和問題需要特定的模型。一個不適合該任務的模型將難以執行，即使它能夠擬合一些例子。

如果模型在似乎具有許多預測性特徵的資料集上表現不佳，請先問自己是否使用了正確的模型類型，可能的話，請使用特定模型的簡化版本以更輕鬆地檢查它。例如：如果我們根本不執行隨機森林模型，則嘗試對同一任務執行決策樹，並視覺化它的分支，以檢查它們是否使用了您認為具有預測性的特徵。

另一方面，您使用的模型可能太簡單了。雖然從最簡單的模型開始可以快速進行疊代，但是有些模型完全無法完成某些任務，為了解決這些問題，您可能需要為模型增加複雜性。為了驗證模型是否確實適合於任務，我建議查看我們在第 35 頁「站在巨人的肩膀上」中描述的現有技術。找到相似任務的例子，並檢查用於解決這些問題的模型。使用這些模型之一應該是一個很好的起點。

如果這個模型似乎適合該任務，則其欠佳的效能可能可以歸因於訓練過程。

應用問題的最佳化

首先，驗證模型是否能擬合一小部分的例子，這使我們確信資料可以來回流動。但是，我們尚不清楚訓練過程是否能使模型充分擬合整個資料集，我們的模型用於更新權重的方法可能不足以適合我們當前的資料集。此類問題通常發生在更複雜的模型（例如：神經網路）中，在該模型中，超參數的選擇會對訓練成效產生重大影響。

在處理梯度下降技術例如神經網路來訓練模型時，使用視覺化工具如 TensorBoard（*https://oreil.ly/xn2tY*）可以幫助我們顯示出訓練的問題。在最佳化過程中畫出損失（loss）圖時，應該看到損失在開始時急劇下降，然後逐漸下降。在圖 6-8 中，您可以看到 TensorBoard 儀表板的範例，該範例描繪了訓練過程中的損失函數（在此案例中為交叉熵（cross-entropy））。

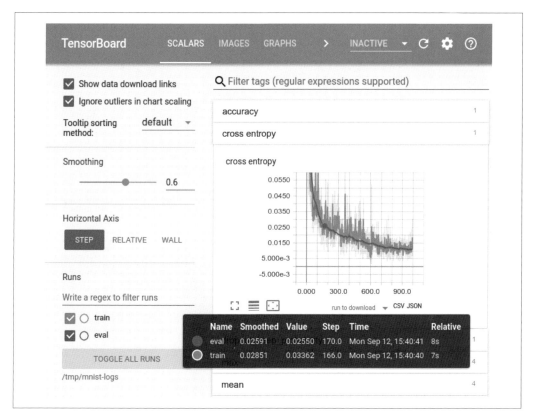

圖 6-8 來自 TensorBoard 文件中的 TensorBoard 儀表板截圖

這樣的曲線可以呈現損失的降低非常緩慢，這指出模型的學習速度可能太慢。在這種情況下，您可以提高學習速率並繪製相同的曲線以查看損失是否降低得更快。另一方面，如果損失曲線看起來非常不穩定，則可能是由於學習速率太大所致。

除了損失之外，視覺化權重值和激勵函數還可以幫助您確定神經網路的學習是否不正確。在圖 6-9 中，您可以看到隨著訓練的進行，權重的分佈也發生了變化。如果您看到分佈在幾期（epoch）的訓練內保持穩定，則表明您應該提高學習速率。如果它們相差太大，則降低它。

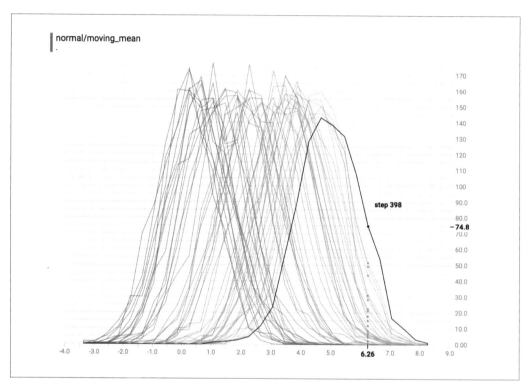

圖 6-9　在訓練過程中的權重直方圖變化

成功地將模型擬合到訓練資料是 ML 專案中的重要里程碑，但這不是最後一步。建立 ML 產品的最終目標是建構一個可以在從未見過的例子中表現良好的模型。為了達到這個目標，我們需要一個可以很好地一般化（generalize）到未見過例子的模型，因此接下來我將介紹一般化。

一般化除錯：使您的模型有用

一般化是圖 6-2 的第三部分，也是最後一部分，著重於使 ML 模型在未見過的資料上正常運作。在第 106 頁「切分您的資料集」中，我們了解到創建獨立的訓練、驗證和測試切分資料，以評估模型一般化到未見過例子能力的重要性。在第 116 頁「評估模型：不只聚焦在準確度上」中，我們介紹了分析模型效能，並確認可能的附加特徵以改善模型的方法。以下我們將介紹當模型在多次疊代後仍無法在驗證集上執行時的一些建議。

資料洩漏

我們在第 109 頁「資料洩漏」中有更詳細的介紹，但是我想提一下在一般化的脈絡。模型最初在驗證集上的表現通常會比訓練集差，這是可以預料的，因為相較於已經被擬合過的資料，模型從未面對過的資料更難預測。

 在完成訓練之前，查看驗證損失和訓練期間的訓練損失時，驗證效能可能會比訓練效能更好，這是因為訓練損失是在模型訓練時在 epoch 中所累積的，而驗證損失是在 epoch 結束之後使用最新版本的模型計算的。

如果驗證效能優於訓練效能，有時候可能是因為資料洩漏造成的。如果訓練資料中的例子包含到驗證資料中其他例子的相關資訊，則模型將能夠利用此資訊並在驗證集中表現良好。如果您對驗證效能感到驚訝，請檢查模型使用的特徵，看看是否呈現資料洩漏。解決這類洩漏問題會導致較低的驗證效能，但會得到更好的模型。

資料洩漏導致我們相信模型正在一般化，但它實際並沒有。在其他情況下，從保留的驗證集上來看效能很明顯，該模型只在訓練時才能表現良好，在這種情況下，模型可能過擬合了。

過擬合

在第 114 頁「偏誤與變異權衡」中，我們看到當模型難以擬合訓練資料時，我們說該模型是欠擬合。我們還看到了欠擬合的反面是**過擬合**，這就是我們的模型對訓練資料擬合得太好了。

擬合資料太好指的是什麼？例如：模型不是學習與寫作好壞相關的通用**趨勢**，而是採用訓練集中個別例子中存在的特定模式，而這些特定模式在不同資料中並不存在，雖然這些模式有助於它在訓練集上獲得高分，但對分類其他例子卻無濟於事。

圖 6-10 呈現了假設資料集過擬合和欠擬合的具體範例。過擬合模型可以完美的擬合訓練資料，但不能準確推算出可能的**趨勢**；因此，它無法準確預測沒看過的點，欠擬合模型根本無法捕捉資料的趨勢，合理擬合的模型在訓練資料上的表現比過擬合模型差，但在沒看過的資料上表現更好。

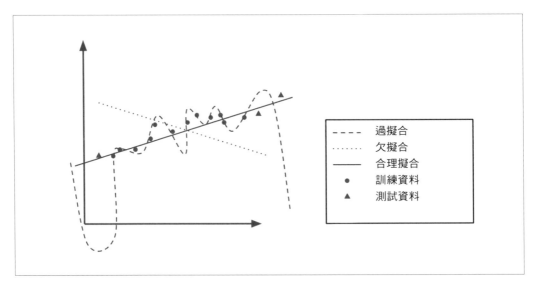

圖 6-10　過擬合 vs. 欠擬合

當模型在訓練集上的表現比測試集上的表現要好得多時，通常代表著它是過擬合的。它雖然已經了解了訓練資料的具體細節，但是仍無法對沒見過的資料進行處理。

過擬合是因為模型對訓練資料的了解過多，所以我們可以透過降低模型從資料集中學習的能力來預防這種情況。這裡有幾種方法可以做到，我們將在以下介紹。

正規化

正規化（*Regularization*）會對模型表示資訊的能力給予一個懲罰（penalty）。正規化的目的是限制模型著重在許多不相關模式的能力，並鼓勵模型挑選更少、更具預測性的特徵。

正規化一個模型的常見方法是對它權重的絕對值施加懲罰。例如：對於線性和羅吉斯迴歸等模型，L1 和 L2 正規化將附加項添加到損失函數中，這會懲罰較大的權重。在 L1 的情況下，該項是權重絕對值的總和，對於 L2，它是權重平方值的總和。

不同的正規化方法具有不同的效果，L1 正規化可以透過將不具參考價值的特徵設為零來幫助選擇具參考價值的特徵（在「套索（Lasso）（統計）」的維基百科頁面（*https://oreil.ly/Su9Bf*）中了解更多資訊）。當鼓勵模型僅利用其中一個特徵來關聯一些特徵時，L1 正規化也很有用。

正規化方法也可以是特定於模型的。神經網路通常使用丟棄法（dropout）作為正規化方法，在神經網路訓練過程中，dropout 會隨機忽略網路中一定比例的神經元。這樣可以防止單個神經元產生過大的影響力，進而能使網路記憶訓練資料的各個面向。

對於像是隨機森林之類基於樹的模型，減小樹的最大深度會降低每棵樹對資料的過擬合，因而有助於正規化森林；增加森林中使用的樹數量也會正規化它。

防止模型過擬合訓練資料的另一種方法是使資料本身更難過擬合，我們可以透過稱為資料增強（*data augmentation*）的過程來做到這一點。

資料增強

資料增強是透過略微更改現有資料點來創造新訓練資料的過程，目的是人為地產生與現有資料不同的資料點，以便讓模型接觸到更多類型的輸入，增強策略則取決於資料類型。在圖 6-11 中，您可以看到一些可能的圖像增強。

資料增強使訓練集的同質性降低，因此更加複雜，這使得擬合訓練資料更加困難，但會讓模型在訓練過程中接觸到更廣泛的輸入範圍。資料增強通常會導致訓練集上的效能降低，但使得如驗證集和生產環境中未見過的例子效能更高。如果我們可以使用增強使訓練集更類似於它之外的例子，則此策略特別有效。

我曾經幫助工程師在颶風過後使用衛星圖像檢測被洪水淹沒的道路，這個專案相當具有挑戰性，因為他只有取得未被淹沒城市的已標籤資料。為了幫助改善模型在明顯更暗而且品質較低的颶風圖像上的效能，他們建立了增強管線，使訓練圖像看起來更暗、更模糊，因為目前更難去檢測道路，因此降低了訓練的效能。另一方面，它增加了模型在驗證集中的效能，因為增強過程使模型呈現在與驗證集中遇到的圖像更相似的圖像。資料增強有助於使訓練集更具代表性，進而使模型更加穩固。

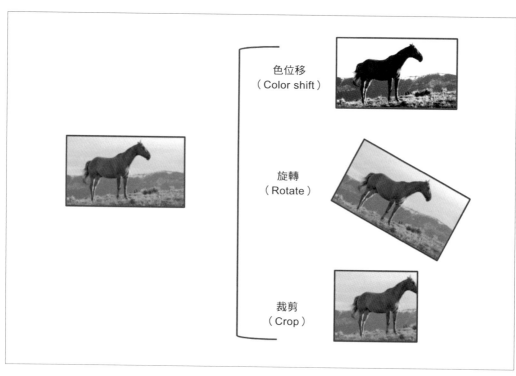

圖 6-11　一些圖像的資料增強範例

如果使用前面介紹的方法後，模型在驗證集上的效能仍然很差，則應該對資料集本身進行疊代。

資料集重新設計

在某些情況下，難以應付的訓練／驗證切分方式可能導致模型無法擬合驗證集，並在驗證集中表現不佳。如果模型僅在訓練集中僅接觸到簡單例子，而在其驗證集中僅包含具有挑戰性的例子，則它將無法從困難的資料點中學習。同樣地，在訓練集中可能沒有充分呈現某些類別的例子，因而模型無法從中學習。如果對模型進行訓練以使總指標最小化，則會有擬合了大多數類別，卻忽略少數類別的風險。

儘管增強策略可以提供幫助，但重新設計訓練切分以使其更具代表性通常是推進的最佳途徑。在執行此操作時，我們應該仔細控制資料洩漏，並在難度方面使切分盡可能平衡。如果新資料切分將所有簡單例子分配給驗證集，則該模型在驗證集上的效能將人為提高，但不會轉化為生產環境中的結果。為了減輕對資料切分品質可能不相等的憂慮，我們可以使用 k 倍交叉驗證（k-fold cross-validation）（*https://oreil.ly/NkhZa*），在其中執行 k 次連續的不同切分，並在每個切分上評估模型的效能。

當我們平衡了訓練和驗證集以確保它們具有相似的複雜性，我們模型的效能就應該得到改善。如果效能仍然不能令人滿意，我們可能只是在解決一個非常棘手的應用問題。

考慮眼前的任務

由於任務太複雜，模型難以一概而論，比如說我們使用的輸入可能無法預測目標。為了確保您要處理的任務對於 ML 的目前階段而言是適當的難度，我建議再次參考第 35 頁「站在巨人的肩膀上」，其中我描述了要如何探索和評估 ML 當今最先進的技術。

此外，擁有資料集並不表示任務可以被解決。考慮從隨機輸入準確預測隨機輸出這樣不可能的任務，您可以透過記憶建立一個在訓練集上表現良好的模型，但是這個模型將無法準確地預測隨機輸入的其他隨機輸出。

如果您的模型不能一般化，那麼您的任務可能會太困難。您的訓練例子中可能沒有足夠的資訊來學習**有意義的特徵**，這些特徵會為將來的資料點提供資訊。如果是這樣，那麼您遇到的問題就不太適合 ML，我邀請您重新閱讀第 1 章以找到更好的架構。

總結

在本章中，我們說明了模型運作所需的三個步驟。首先，透過檢查資料並撰寫測試來為管線的佈線除錯。接著，取得一個在訓練測試中表現良好的模型，以驗證它具有學習能力。最後，驗證它能夠對未見過資料進行一般化並產生有用的輸出。

此過程會幫助您為模型除錯、更快地建立模型，並使模型更可靠。當您已經建立、訓練和除錯好您的第一個模型之後，下一步就是判斷它的效能，然後疊代或部署它。

在第 7 章中，我們將介紹如何使用已訓練的分類器為使用者提供可行的建議。接著，我們將比較 ML 寫作輔助編輯器的模型選擇，並且決定應使用哪種模型來驅動這些建議。

用分類器提供寫作建議

在 ML 中取得進展的最佳方法是重複依循圖 7-1 中描述的疊代迴圈，這我們已經在第三部分的導論中見到過，一開始從建立建模假設、在建模管線上進行疊代，以及執行詳細的錯誤分析以告訴您的下一個假設。

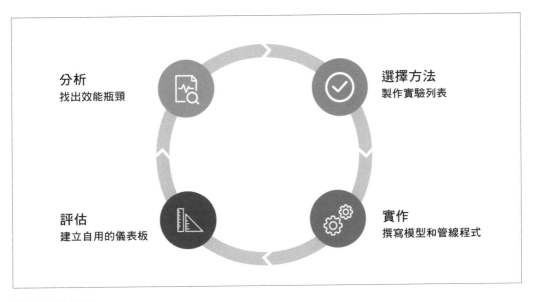

圖 7-1 ML 迴圈

前面的章節描述了此迴圈中的多個步驟。在第 5 章中，我們介紹了如何訓練和評估模型。在第 6 章中，關於如何更快地建立模型以及解決與 ML 相關錯誤，我們分享了一些建議。本章先展示了使用已訓練好的分類器向使用者提供建議的方法，接著選擇用於 ML 寫作輔助編輯器的模型，最後結合兩者去建立有效的編輯器，來結束迴圈的疊代。

在第 38 頁「規劃 ML 寫作輔助編輯器」中，我們概述了此編輯器的計畫，計畫包括訓練一個可以將問題分為高分和低分類別的模型，並使用受過訓練的模型來引導使用者寫出更好的問題，讓我們看看如何使用這種模型向使用者提供寫作建議。

從模型提取建議

ML 寫作輔助編輯器的目標是提供寫作建議，將問題分類為好或壞是通往此目標的第一步，因為它可以向使用者呈現出問題目前的品質，但我們想再進一步透過為使用者提供可行的建議，來幫助他們改善問題的表達方式。

本節介紹提供這類建議的方法。我們將從簡單的方法開始，這些方法仰賴於彙整的特徵指標，而且不需要在推論時使用模型，接著，我們將了解如何同時使用模型提供的分數及它對擾動特徵的敏感性來生成更具個人化的建議。您可以在本書的 GitHub 網站（*https://oreil.ly/ml-powered-applications*）上產生建議的筆記本中，找到本章中展示的每個應用到此編輯器的方法範例。

不用模型，我們能做到什麼程度？

訓練效能良好的模型是透過 ML 迴圈的多次疊代所達成的，每次疊代都可以透過研究先前的技術、疊代可能的資料集，以及檢查模型結果來幫助建立一組更好的特徵。為了向使用者提供建議，您可以利用此特徵的疊代工作，這種方法不一定需要針對使用者提交的每個問題運行模型，而是著重在提出一般的建議。

您可以透過直接使用特徵，或是使用已訓練的模型來幫助您選擇相關的特徵，都可以做到這一點。

使用特徵統計

當確定了預測性特徵，就可以不使用模型而將它直接傳遞給使用者。如果一個特徵的平均值在每個類別中明顯的不同，則您可以直接分享此資訊，來幫助使用者向目標類別的方向推進他們的例子。

我們較早為 ML 寫作輔助編輯器確定的特徵之一是問號的存在。檢查資料表明分數較高的問題往往帶有較少的問號。為了使用此資訊來產生建議，當問號在他們問題中所佔的比例，相較於在高度評價的問題中所佔的比例大得多時，我們可以撰寫一條規則來警告使用者。

視覺化每個標籤的平均特徵值可以使用 pandas 在幾行程式碼內完成。

```
class_feature_values = feats_labels.groupby("label").mean()
class_feature_values = class_feature_values.round(3)
class_feature_values.transpose()
```

運行前面的程式碼將產生表 7-1 中所示的結果。在這些結果中，我們可以看到針對高分和低分問題，我們生成的許多特徵具有明顯不同的值，此處標籤為 True 和 False。

表 7-1　類別之間的不同特徵值

標籤	False	True
num_questions	0.432	0.409
num_periods	0.814	0.754
num_commas	0.673	0.728
num_exclam	0.019	0.015
num_quotes	0.216	0.199
num_colon	0.094	0.081
num_stops	10.537	10.610
num_semicolon	0.013	0.014
num_words	21.638	21.480
num_chars	822.104	967.032

使用特徵統計是提供可靠建議的一種簡單方法，它在許多方面類似於我們在第 18 頁「最簡單的方法：從演算法的角度」中首次建立的啟發式方法。

在比較類別之間的特徵值時，可能很難確定哪些特徵對於問題以某種方式分類的貢獻最大。為了更好地進行估算，我們可以使用特徵重要性。

提取全域特徵重要性

我們之前已先在第 129 頁「評估特徵重要性」中展示了在模型評估的脈絡下產生特徵重要性的例子。特徵重要性也可以用在對基於特徵的建議進行優先排序。當向使用者呈現建議時，應優先考慮已訓練好的分類器中最具預測性的特徵。

接下來，我呈現一個問題分類模型的特徵重要性分析結果。該模型總共使用了 30 個特徵，每個上方的特徵都比下方的特徵還重要得多，引導使用者先根據這些主要特徵採取行動，將幫助他們根據模型更快地改善問題。

```
Top 5 importances:

num_chars: 0.053
num_questions: 0.051
num_periods: 0.051
ADV: 0.049
ADJ: 0.049

Bottom 5 importances:

X: 0.011
num_semicolon: 0.0076
num_exclam: 0.0072
CONJ: 0
SCONJ: 0
```

將特徵統計和特徵重要性結合在一起可以使建議更可行且聚焦。第一種方法為每個特徵提供目標值，下一種方法則優先顯示一小部分最重要的特徵。這些方法還可以快速提供建議，因為它們不需要在推論時運行模型，而僅針對最重要的特徵對照特徵統計來檢查輸入。

正如我們在第 129 頁「評估特徵重要性」中所看到的那樣，對於複雜模型而言，提取特徵重要性可能會更加困難。如果您使用的模型沒有揭示特徵重要性，則可以在大量例子中利用黑盒子解讀器來嘗試推論其值。

特徵重要性和特徵統計還具有另一個缺點，就是它們並不能持續提供準確的建議。因為建議是基於整個資料集上彙整的統計資訊，所以它們不適用於每個單獨的例子。特徵統計僅提供一般性建議，例如：「包含更多副詞的問題往往會獲得更高的評分」。但是，存在一些例子是，其中副詞所佔比例低於平均的得分較高，所以這樣的建議對於這些問題沒有用。

在接下來的兩個小節中，我們將介紹能提供更仔細建議的方法，這些建議可用於個別例子的級別上。

使用模型的分數

第 5 章介紹了分類器如何為每個例子輸出分數。然後根據此分數是否高於某個門檻值為例子分配一個類別。如果模型的分數得到了很好的校準（有關校準的更多訊息，請參見第 121 頁「校準曲線」），則可以把它用來估算輸入例子屬於給定類別的機率。

為了顯示分數而不是 scikit-learn 模型的類別，請使用 predict_proba 函式，然後選擇要顯示分數的類別。

```
# probabilities 是包含每個類別機率的陣列
probabilities = clf.predict_proba(features)

# Positive probas 只包含陽性類別的分數
positive_probs = clf[:,1]
```

如果校準得很好，向使用者顯示分數可以讓他們追蹤問題的改進，當他們依循建議對問題進行修改，能使它得到更高的分數。諸如得分之類的快速回饋機制可幫助使用者增強對模型提供建議的信任感。

在校準分數之上，還可以使用已訓練的模型來提供建議以改進特定例子。

提取局部特徵重要性

透過在受過訓練的模型之上使用黑盒子解讀器，可以為單個例子產生建議。在第 129 頁「評估特徵重要性」中，我們看到黑盒子解讀器如何透過重複對輸入特徵施加輕微擾動並觀察模型預測得分的變化，來推估特定例子特徵值的重要性，這使這樣的解釋器成為提供建議的絕佳工具。

讓我們使用 LIME（*https://github.com/marcotcr/lime*）套件進行演示，以產生範例的說明。在下面的程式碼的例子中，我們首先安裝一個表格解釋器，然後選擇一個例子在測試資料中進行解釋。我們在本書的 GitHub 儲存庫（*https://oreil.ly/ml-powered-applications*）上產生建議的筆記本中顯示說明，並以陣列格式呈現它們。

```
from lime.lime_tabular import LimeTabularExplainer

explainer = LimeTabularExplainer(
    train_df[features].values,
    feature_names=features,
    class_names=["low", "high"],
    discretize_continuous=True,
)

idx = 8
exp = explainer.explain_instance(
    test_df[features].iloc[idx, :],
    clf.predict_proba,
    num_features=10,
    labels=(1,),
)

print(exp_array)
exp.show_in_notebook(show_table=True, show_all=False)
exp_array = exp.as_list()
```

運行前面的程式碼將產生圖 7-2 中所示的圖，以及下面的程式碼中所示的特徵重要性陣列，模型的預測機率顯示在圖的左側，在圖的中間，特徵值按其對預測的貢獻進行排序。

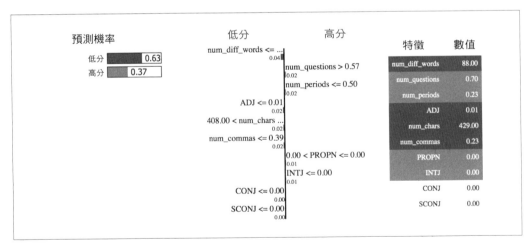

圖 7-2 作為建議的說明

這些數值與下面更具可讀性的控制台裡輸出的值相同，此輸出中的每一列代表一個特徵值及其對模型輸出分數的影響。例如：特徵 num_diff_words 的值小於 88.00，事實上使模型的分數降低了約 .038。根據這個模型，將輸入問題的長度增加到此數量以上將提高它的品質。

```
[('num_diff_words <= 88.00', -0.038175093133182826),
 ('num_questions > 0.57', 0.022220445063244717),
 ('num_periods <= 0.50', 0.018064270196074716),
 ('ADJ <= 0.01', -0.01753028452563776),
 ('408.00 < num_chars <= 655.00', -0.01573650444507041),
 ('num_commas <= 0.39', -0.015551364531963608),
 ('0.00 < PROPN <= 0.00', 0.011826217792851488),
 ('INTJ <= 0.00', 0.011302327527387477),
 ('CONJ <= 0.00', 0.0),
 ('SCONJ <= 0.00', 0.0)]
```

有關更多使用範例，請參閱本書的 GitHub 儲存庫（*https://oreil.ly/ml-powered-applications*）中產生建議的筆記本。

黑盒子解讀器可以為單個模型生成準確的建議，但是它們確實有一個缺點。這些解釋器透過擾動輸入特徵，並在每個擾動的輸入上運行模型來產生估計，因此使用它們產生建議的速度比之前討論的方法慢。例如，LIME 用於評估特徵重要性的默認擾動值為 500。這使該方法比僅需要運行一次模型的方法慢兩個數量級，甚至比完全不需要運行模型的方法還慢。在我的筆記型電腦上，在一個例子的問題上運行 LIME 需要 2 秒多一點，這樣的延遲可能會阻止我們在使用者輸入內容時向他們提供建議，而需要他們手動提交問題。

就像許多 ML 模型一樣，我們在這裡看到的建議方法呈現了準確度和延遲之間的權衡，而對產品的正確建議取決於產品要求。

我們介紹的每種建議方法都依賴於模型疊代過程中生成的特徵，其中一些特徵還利用了經過訓練的模型。在下一節中，我們將比較 ML 寫作輔助編輯器的不同模型選項，並決定哪個建議最合適。

比較多種模型

第 25 頁「評估成功」說明了判斷產品成功的重要指標，第 113 頁「判斷效能」介紹了評估模型的方法，這類方法還可用於比較模型和特徵的連續疊代，以找出效能最佳的模型和特徵。

在本節中，我們將選擇一個關鍵指標的子集，並使用它們來評估 ML 寫作輔助編輯器在模型效能和建議有用性方面的三個連續疊代。

這個編輯器的目標是使用所提到的技術來提供建議。為了驅動此類建議，模型應符合以下要求：應該對其進行良好的校準，以使其預測的機率代表對問題品質的有意義估計。正如我們在第 25 頁「評估成功」中所介紹的那樣，它應該具有很高的精確度，以便其提出的建議是精確的。使用的特徵應該能被使用者理解，因為它們將作為建議的基礎。最後，它應該夠快可以讓我們使用黑盒子解讀器來提供建議。

讓我們描述幾種 ML 寫作輔助編輯器的連續建模方法，並比較它們的效能。這些效能比較的程式碼可以在本書的 GitHub 儲存庫（*https://oreil.ly/ml-powered-applications*）的比較模型筆記本中找到。

版本 1：成績報告卡

在第 3 章中，我們建立了完全基於啟發式方法的第一個編輯器版本。第一個版本使用寫死的規則，目的是對可讀性進行編碼，並以結構化的格式向使用者呈現結果。建立此管線可以使我們修改方法，並將 ML 的工作重點放在提供更清晰的建議，而不是在一組評量上。

因為這個初始原型是為了對我們要解決的問題發展直觀看法而建立的，所以在這裡我們不會將它與其他模型進行比較。

版本 2：更強大、更不清楚

建立基於啟發式方法的版本並瀏覽 Stack Overflow 資料集後，我們決定採用初始建模方法。我們訓練的簡單模型可以在本書 GitHub 儲存庫（*https://oreil.ly/ml-powered-applications*）的簡單模型筆記本中找到。

此模型使用了第 74 頁「向量化」中文本向量化方法的生成特徵，以及在資料探索時手動創建特徵的特徵組合。第一次探索資料集時，我注意到了一些模式：

- 較長的問題得分較高。
- 專門詢問關於英文使用的問題得分較低。
- 包含至少一個問號的問題得分較高。

我創建了一些特徵來對這些假設進行編碼，包含藉由計算文本的長度、**標點符號**和**縮寫**之類單詞的出現，以及問號的出現頻率。

除了這些特徵，我還使用 TF-IDF 對輸入問題進行向量化處理。使用簡單的向量化方案可以讓我把模型的特徵重要性與個別單詞聯繫起來，進而可以使用前面介紹的方法提供單詞級建議。

第一種方法顯示了可接受的整體效能，精確度為 0.62。但是，如圖 7-3 所示，它的校準尚不理想。

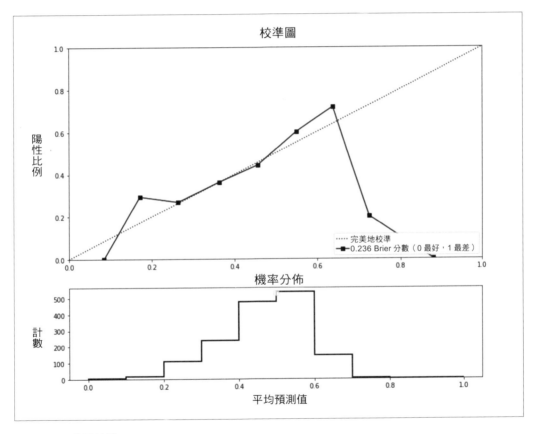

圖 7-3 V2 模型校準

在檢查了該模型的特徵重要性之後，我意識到手動創建中唯一可預測的特徵是問題長度，其他生成的特徵沒有預測能力。再次探索資料集會發現一些似乎可以預測的特徵：

- 有限地使用標點符號似乎可以預測高分。

- 充滿情緒的問題似乎得分較低。

- 描述性問題和使用更多形容詞的問題似乎得分更高。

為了編碼這些新假設，我生成了一組新特徵，我為每個可能的標點符號元素創建了計數。接著，我創建了針對每種詞性類別（例如：動詞或形容詞）的計數，用來度量問題中有多少單詞屬於該類別。最後，我添加了一個特徵來對問題的情感表達進行編碼。有關這些特徵更多的詳細資訊，請參見本書的 GitHub 儲存庫（*https://oreil.ly/ml-powered-applications*）中第二個模型的筆記本。

該模型的更新版本總體上表現稍好，精確度為 0.63。它的校準在之前的模型上並沒有改進。模型特徵重要性的展示揭示了該模型僅依賴於手動製作的特徵，進而表明這些特徵具有一定的預測能力。

使模型依賴於此類易於理解的特徵，比使用向量化單詞級特徵更容易向使用者解釋建議。舉例來說，此模型最重要的單詞級特徵是 *are* 和 *what*。我們可以猜測為什麼這些單詞可能與問題品質相關，但是建議使用者減少或增加問題中任意單詞的出現並不能給出明確的建議。

為了解決向量化表示的這一個限制，並認識到手動製作的特徵是可預測的，我嘗試建立一個不使用任何向量化特徵的簡單模型。

版本 3：使用者可以理解的建議

第三個模型僅包含前面描述的特徵（標點符號、詞性、問題情緒和問題長度）。因此，該模型僅使用 30 個特徵，而使用向量化表示時則超過 7,000 個。有關更多詳細的資訊，請參見本書的 GitHub 儲存庫（*https://oreil.ly/ml-powered-applications*）中的第三個模型筆記本。刪除向量化的特徵並保留手動特徵，使 ML 寫作輔助編輯器只能利用可以向使用者解釋的特徵。但是，這可能會導致模型效能變得更差。

在總體效能方面，該模型的效能確實比以前的模型差，精準度為 0.597。但是，它的校準明顯優於以前的模型。在圖 7-4 中，您可以看到模型版本 3 對大多數機率進行了很好的校準，即使其他模型都難以克服的 .7 也是如此。直方圖顯示這是由於該模型比其他模型更頻繁地預測這類機率。

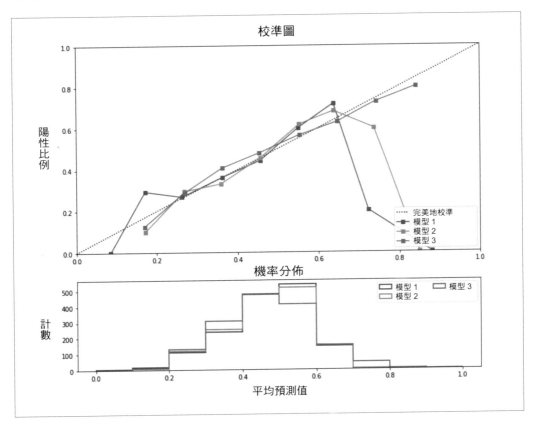

圖 7-4　校準比較

因為它產生的分數範圍越來越大，並且分數的校準得到了改進，因此在顯示分數以引導使用者時，該模型是最佳選擇。在提出明確建議時，該模型也是最佳選擇，因為它僅依賴於可解釋的特徵。最後，由於它所依賴的特徵少於其他模型，因此它也是運行速度最快的。

模型版本 3 是 ML 寫作輔助編輯器的最佳選擇，因此是我們應該為初始版本部署的模型。在下一節中，我們將簡要介紹如何將此模型與建議的技術一起使用，以向使用者提供修訂建議。

產生修訂建議

ML 寫作輔助編輯器可以從我們描述的四種產生建議的方法中受益。實際上，所有的這些方法都展示在本書的 GitHub 儲存庫（*https://oreil.ly/ml-powered-applications*）的產生建議筆記本中。因為我們使用的模型速度很快，因此我們將在此處使用黑盒子解讀器來說明最詳盡的方法。

首先，我們來看看整個建議函式，該函式會提出問題並根據受過訓練的模型提供修訂建議。該函式看起來如下：

```
def get_recommendation_and_prediction_from_text(input_text, num_feats=10):
    global clf, explainer
    feats = get_features_from_input_text(input_text)
    pos_score = clf.predict_proba([feats])[0][1]

    exp = explainer.explain_instance(
        feats, clf.predict_proba, num_features=num_feats, labels=(1,)
    )
    parsed_exps = parse_explanations(exp.as_list())
    recs = get_recommendation_string_from_parsed_exps(parsed_exps)
    return recs, pos_score
```

在一個例子輸入上呼叫此函式並漂亮地印出結果會產生如下建議。然後，我們可以向使用者呈現這些建議來疊代他們的問題。

```
>> recos, score = get_recommendation_and_prediction_from_text(example_question)
>> print("%s score" % score)
0.4 score
>> print(*recos, sep="\n")
Increase question length
Increase vocabulary diversity
Increase frequency of question marks
No need to increase frequency of periods
Decrease question length
Decrease frequency of determiners
Increase frequency of commas
No need to decrease frequency of adverbs
Increase frequency of coordinating conjunctions
Increase frequency of subordinating conjunctions
```

讓我們來拆解這個函式。從它的特色開始，該函式將表示問題的輸入字串作為參數，以及一個決定要提出多少則最重要特徵之建議的可選參數。它回傳建議與代表問題目前品質的分數。

深入探討問題的內文，第一行涉及兩個全域定義的變數、已訓練模型和一個 LIME 解讀器的實例（instance），類似於我們在第 163 頁「提取局部特徵重要性」中定義的那樣。接下來的兩行從輸入文本生成特徵，並將這些特徵傳遞給分類器以進行預測。然後，使用 LIME 定義 exp 來生成解釋。

最後兩個函式呼叫將這些說明轉化為使用者易於理解的建議。讓我們從 parse_explanations 開始，來看一下這些特徵的定義。

```python
def parse_explanations(exp_list):
    global FEATURE_DISPLAY_NAMES
    parsed_exps = []
    for feat_bound, impact in exp_list:
        conditions = feat_bound.split(" ")

        # 我們忽略雙邊界的條件，例如：1 <= a < 3
        # 因為他們很難制定為建議
        if len(conditions) == 3:
            feat_name, order, threshold = conditions

            simple_order = simplify_order_sign(order)
            recommended_mod = get_recommended_modification(simple_order, impact)

            parsed_exps.append(
                {
                    "feature": feat_name,
                    "feature_display_name": FEATURE_DISPLAY_NAMES[feat_name],
                    "order": simple_order,
                    "threshold": threshold,
                    "impact": impact,
                    "recommendation": recommended_mod,
                }
            )
    return parsed_exps
```

這個特徵雖然很長，但是卻實現了一個相對簡單的目標。它採用 LIME 回傳的特徵重要性陣列，並產生可以在建議中使用的更結構化的字典。以下是此轉換的例子：

```python
# exps 是 LIME 解釋的格式
>> exps = [('num_chars <= 408.00', -0.03908691525058592),
 ('DET > 0.03', -0.014685507408497802)]

>> parse_explanations(exps)

[{'feature': 'num_chars',
  'feature_display_name': 'question length',
```

```
    'order': '<',
    'threshold': '408.00',
    'impact': -0.03908691525058592,
    'recommendation': 'Increase'},
  {'feature': 'DET',
    'feature_display_name': 'frequency of determiners',
    'order': '>',
    'threshold': '0.03',
    'impact': -0.014685507408497802,
    'recommendation': 'Decrease'}]
```

注意此函式呼叫將 LIME 顯示的門檻值轉換為特徵值是否要增加還是減少的建議。這是由呈現在此處的 get_recommended_modification 函式所完成的：

```
def get_recommended_modification(simple_order, impact):
    bigger_than_threshold = simple_order == ">"
    has_positive_impact = impact > 0

    if bigger_than_threshold and has_positive_impact:
        return "No need to decrease"
    if not bigger_than_threshold and not has_positive_impact:
        return "Increase"
    if bigger_than_threshold and not has_positive_impact:
        return "Decrease"
    if not bigger_than_threshold and has_positive_impact:
        return "No need to increase"
```

當將說明解析為建議後，剩下的就是以適當的格式呈現它們。這是透過 get_recommendation_and_prediction_from_text 中的最後一個函式呼叫來完成的，該函式呈現在此：

```
def get_recommendation_string_from_parsed_exps(exp_list):
    recommendations = []
    for feature_exp in exp_list:
        recommendation = "%s %s" % (
            feature_exp["recommendation"],
            feature_exp["feature_display_name"],
        )
        recommendations.append(recommendation)
    return recommendations
```

如果您想嘗試使用該編輯器並對其進行疊代，請隨時參考本書的 GitHub 儲存庫（*https://oreil.ly/ml-powered-applications*）中產生建議的筆記本，在筆記本的最後，我提供了一個使用模型建議多次改寫問題並提高得分的範例。我在這裡重現該例子，以演示如何使用這些建議來引導使用者修訂問題。

```
// 第一次嘗試提問
>> get_recommendation_and_prediction_from_text(
    """
I want to learn how models are made
"""
)

0.39 score
Increase question length
Increase vocabulary diversity
Increase frequency of question marks
No need to increase frequency of periods
No need to decrease frequency of stop words

// 遵循前三項建議
>> get_recommendation_and_prediction_from_text(
    """
I'd like to learn about building machine learning products.
Are there any good product focused resources?
Would you be able to recommend educational books?
"""
)

0.48 score
Increase question length
Increase vocabulary diversity
Increase frequency of adverbs
No need to decrease frequency of question marks
Increase frequency of commas

// 再次遵循建議
>> get_recommendation_and_prediction_from_text(
    """
I'd like to learn more about ML, specifically how to build ML products.
When I attempt to build such products, I always face the same challenge:
how do you go beyond a model?
What are the best practices to use a model in a concrete application?
Are there any good product focused resources?
Would you be able to recommend educational books?
"""
)

0.53 score
```

瞧，我們現在有了一條管線可以處理問題並為使用者提供可行的建議。這個管線絕不是完美的，但是我們現在有了一個可運行的端對端 ML 驅動的編輯器，如果您想嘗試改進它，我鼓勵您與當前版本互動，並確認要解決的故障模式。有趣的是，儘管始終可以對模型進行疊代，但我認為對於此編輯器而言，最有希望改進的方面是生成對使用者而言更清晰的新特徵。

總結

在本章中，我們介紹了從已訓練分類模型產生建議的不同方法。考慮到這些方法，我們比較了 ML 寫作輔助編輯器的不同建模方法，並選擇了一種可以最佳化我們的產品目標（幫助使用者提出更好的問題）的方法。然後，我們為這個編輯器建立了一條端對端的管線，並使用它來提供建議。

我們選定的模型仍有很大的改進空間，可以從更多的疊代週期中受益，如果您想使用我們在第三部分中概述的概念進行練習，我鼓勵您自己經歷這些週期。總體而言，第三部分的每一章都代表 ML 疊代迴圈的一個層面，為了取得 ML 專案的進展，請重複執行本節中概述的步驟，直到您評估已準備好部署模型為止。

在第四部分中，我們將介紹部署模型所帶來的風險、如何減輕模型風險，以及監視模型效能差異並對它做出反應的方法。

部署並監視

當我們建立模型並驗證它後，我們希望讓使用者取用它。有很多不同的方法來呈現 ML 模型，最簡單的方案是建立一個小型的 API，但是為了確保您的模型對所有使用者都能正常運行，您會需要考慮更多。

請參見圖 IV-1，以了解在接下來幾章中將介紹的一些系統示意圖，這些系統通常與生產環境中的模型一起使用。

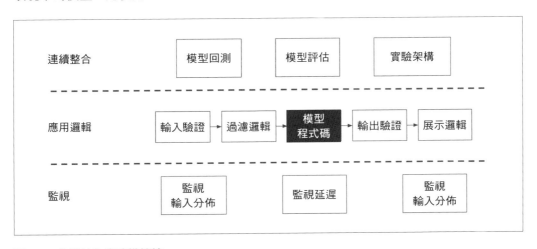

圖 IV-1　典型的生產建模管線

生產環境的 ML 管線需要能夠偵測資料和模型故障，並能夠優雅地處理它們。理想上，您還應該以主動預測所有故障為目標，並制定部署更新模型的策略。如果這聽起來有些挑戰，請您不用擔心！這就是我們將在第四部分中討論的內容。

第 8 章

在部署之前，我們始終應該執行最後一輪驗證。我們的目標是徹底檢查模型有可能被濫用和負面的用途，盡力預想並圍繞著模型建立起防護措施。

第 9 章

我們將介紹用於部署模型的不同方法和平台，以及如何做到與其他比較之後選擇其中一個。

第 10 章

在本章中，我們將學習如何建立可以支持模型的穩固生產環境，這包括檢測並解決模型故障、最佳化模型效能，以及系統化地再訓練。

第 11 章

在最後一章中，我們將處理監視的關鍵步驟。特別的是，我們將介紹為什麼我們需要監視模型、最佳監視模型的方法，以及如何將監視設置與部署策略結合在一起。

## 第八章

部署模型時的考量

前面的章節介紹了模型訓練和一般化效能，這些是部署模型的必要步驟，但這些不足以保證 ML 驅動產品的成功。

部署模型需要更深入地研究可能影響使用者的故障模式，打造從資料學習的產品時，您應該回答以下幾個問題：

- 您正在使用的資料是如何收集的？

- 透過從此資料集學習，您的模型做出了哪些假設？

- 此資料集是否夠具代表性以產生有用的模型？

- 您的建模結果會如何被濫用？

- 模型的預計用途和範圍是什麼？

資料倫理學領域旨在回答其中的一些問題，而且所使用的方法也在不斷發展。如果您想進一步研究，O'Reilly 會提供 Mike Loukides 等人撰寫的綜合報告《*Ethics and Data Science*》。

在本章中，我們將討論有關資料收集和使用的一些問題，以及確保模型對於每位使用者都能運作良好的挑戰。我們將在本節結束時進行務實的訪談，介紹將模型預測轉換為使用者回饋的技巧。

讓我們從查看資料開始，首先介紹資料所有權問題，然後介紹資料的偏見。

資料中關注的問題

在本節中，我們將首先概述當您儲存、使用和產生資料時要記得的技巧，我們將首先介紹資料所有權和儲存資料所帶來的責任。然後，我們將討論資料集和方法中常見的偏見來源，並在建立模型時將這種偏差考慮在內。最後，我們將舉例說明這種偏見帶來的負面後果，以及減輕這種偏見的重要性。

資料所有權

資料所有權指的是與資料收集和使用相關的要求。以下是有關資料所有權的幾個重要方面：

- 資料收集：您是否經合法授權來收集並使用要訓練模型的資料集？
- 資料使用和權限：您是否有向使用者明確說明為什麼需要他們的資料、如何使用它們，而他們是否同意？
- 資料儲存：如何儲存資料，誰有權存取資料以及何時將刪除它？

收集使用者的資料可以幫助個人化和定製產品體驗，它還代表道德和法律責任。儘管始終有道德義務保護使用者提供的資料，但增加的新規範（regulations）使其具備法律效力，例如：在歐洲，GDPR 規範現在就資料收集和處理制定了嚴格的準則。

對於儲存大量資料的機構，資料外洩會構成重大的責任風險。這樣的外洩既損害了使用者對機構的信任，也常常導致法律訴訟，限制收集的資料量進而限制法律風險。

對於我們的 ML 寫作輔助編輯器，我們將首先使用公開獲得的資料集。這些資料集是在使用者同意下收集並儲存在線上的，如果我們想記錄額外的資料，例如：關於如何使用我們的服務以改進它的記錄，則我們必須明確定義資料收集策略並分享給使用者。

除了收集和儲存資料之外，重要的是要考慮使用收集的資料是否可能導致效能下降。資料集只適用於某些情況，但不適用於其他情況，讓我們來探討一下原因。

資料偏見

資料集是特定資料收集決定的結果，這些決定導致資料集呈現出對世界的偏見。ML 模型是從資料集學習的，因此模型將重現這些偏見。

例如，假設一個模型是根據歷史資料進行訓練的，以根據包括性別在內的資訊預測某人成為 CEO 的可能性，進而預測領導技能。歷史上，根據 Pew Research Center 編製的「The Data on Women Leaders」概況介紹（*https://oreil.ly/vTLkH*），大多數《財富》500 強 CEO 都是男性，利用這些資料來訓練模型，將使它們了解到男性是領導力的重要預測指標。由於社會因素，男性和 CEO 都與所選資料集相關，因此女性擔任此類職位的機會更少。盲目地訓練這些資料的模型並使用它來進行預測，將只是在增強過去的偏見。

將資料視為基本事實可能很吸引人。實際上，大多數資料集都是忽略較大脈絡的近似測量值的集合。我們應該從任何資料集都帶有偏見的假設開始，並評估這種偏見將如何影響我們的模型。然後，我們可以採取一些步驟來改善資料集，藉由使它更具代表性，並調整模型以限制其傳播既有偏見的能力。

以下是資料集中常見錯誤和偏見來源的一些範例：

- **估算錯誤或損壞的資料**：由於產生資料的方法不同，每個資料點都具有不確定性。大多數模型忽略了這種不確定性，因此可以傳播系統性的估算錯誤。

- **表示法**：大多數資料集呈現的是群體的非代表性觀點。許多早期的人臉辨識資料集大多包含白人的圖像，這導致該模型在此族群方面表現良好，但在其他族群上卻是失敗的。

- **存取**：某些資料集可能比其他資料集還難找。例如：英語文本比其他語言更容易在線上收集到，這種便利的存取方式導致大多數最先進的語言模型僅接受使用英語資料訓練。結果說英語的人將比不說英語的人獲得更好的機器學習驅動的服務。這種差別通常是自我增強（self-reinforcing）的，因為與其他語言版本相比，英語產品的額外使用者數量使這些模型更加出色。

測試集是用於評估模型的效能。因此，您應該格外注意，以確保您的測試集盡可能地準確且具有代表性。

測試集

表示法出現在每個 ML 問題中，在第 106 頁「切分您的資料集」中，我們介紹了將資料分成不同集合以評估模型效能的價值。在進行這項工作時，您應該試著建立具包容性、代表性和真實性的測試集。這是因為測試集可以作為生產環境時效能的代表。

為了做到這個，在設計測試集時，請想想與模型互動的每位使用者，為了提升他們獲得同樣正面體驗的機會，請試著在測試集中涵蓋能代表每種類型使用者的例子。

設計您的測試集以正確使用產品目標。建立診斷模型時，您需要確保該模型對所有性別皆表現得當。要評估是否是這種情況，您需要將它們全部表示在測試集中。收集各式各樣的觀點可以幫助您實現這一項目標，如果可以的話，在部署模型之前，請提供不同組的使用者查看、互動以及分享回饋的機會。

關於偏見，我想提出最後一點，模型通常根據歷史資料進行訓練，這些資料代表了過去世界的情況，所以偏見最常影響到已經被剝奪權利的人群。因此，消除偏見是應該盡力去做的事，這有助於讓最需要這個系統的人更加公平。

系統性偏見

系統性偏見是指那些導致某些人受到不公平歧視的制度和結構性政策，由於這種歧視，這些群體在歷史資料集中經常被高估或低估。例如：如果社會因素導致某些群體在歷史犯罪逮捕資料庫中比例過高，那麼從該資料訓練出來的 ML 模型將對這種偏見進行編碼，並把它帶到當今的預測中。

這可能會造成災難性的後果，並導致部分群體被邊緣化。有關更具體的例子，請參見 J. Angwin 等人的「Machine Bias」ProPublica 報告（*https://oreil.ly/6UE3z*），其中介紹了犯罪預測中的 ML 偏見。

要消除或限制資料集中的偏見是有挑戰性的，當試圖防止模型對某些特徵比如種族或性別產生的偏見時，有些人嘗試從模型用來預測的特徵列表中刪除存疑的屬性。

實際上，簡單地刪除特徵並不能防止模型受到偏見，因為大多數資料集都包含許多與之高度相關的特徵。例如，在美國郵政編碼和收入都與種族高度相關。如果僅刪除一個特徵，則模型可能仍帶有偏見，儘管難以偵測。

取而代之的是，您應該明確說明要強制實施哪些公平性限制。例如，您可以依循 M. B. Zafar 等人在論文「Fairness Constraints: Mechanisms for Fair Classification」（*https://oreil.ly/JWlIi*）中簡介的方法，其中模型的公平性是使用 p% 規則來評估。p% 規則定義為「皆獲得陽性結果的情況下，具有與不具有某種敏感屬性值機率比率應不小於 p:100」，使用這樣的規則可以使我們量化偏見，進而更好地解決偏見，但這需要追蹤我們不希望模型受到偏見影響的特徵。

除了評估資料集中的風險、偏見和錯誤之外，ML 還需要評估模型。

建模中關注的問題

我們如何才能最小化模型引入不良偏見的風險？

模型有多種方式能對使用者產生負面影響。首先，我們將解決回饋迴路（feedback loop）失控的問題，然後我們將探索在一小部分群體上模型悄悄地故障的風險。接著，我們將討論為使用者適當地提供 ML 預測說明的重要性，並在本節結尾，討論了惡意人士濫用模型的風險。

回饋迴路

在大多數 ML 驅動的系統中，讓使用者依循模型的建議會使將來的模型更有可能提出相同的建議，若不加以檢查，此現象可能導致模型進入自我增強的回饋迴路中。

例如：如果我們訓練一個模型向使用者推薦影片，第一版模型比起推薦狗的影片，更可能推薦貓的影片一些，那麼使用者觀看貓的影片平均要比狗的影片多。如果我們使用歷史推薦和點擊次數資料集來訓練模型的第二個版本，我們會將第一個模型的偏見納入我們的資料集中，則第二個模型將會更偏愛貓。

由於內容推薦模型經常一天更新多次，因此不久之後，我們模型的最新版本將專門推薦貓咪影片。您可以在圖 8-1 中看到一個範例，由於最初貓咪影片的人氣，因此該模型逐漸學會推薦更多的貓咪影片，直到達到右側只推薦貓咪影片的狀態。

在網路上填充貓咪影片似乎並不像是一個悲劇，但是您可以想像這些機制如何迅速地增強負面偏見，並向不知情的使用者推薦不當或危險的內容。事實上，試圖最大化使用者點擊機率的模型將學會推薦點擊誘餌（click-bait）內容，這些內容非常容易吸引點擊，但不會為使用者提供任何價值。

回饋迴路還傾向於引入偏見，以偏向少數非常活躍的使用者。如果影音平台使用每支影片的點擊次數來訓練其推薦演算法，則它推薦的風險在於可能會過擬合代表多數點擊的最活躍使用者。然後，平台的所有其他使用者將會觀看相同的影片，而不論他們的個人偏好。

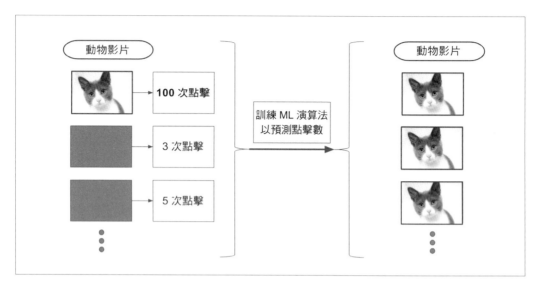

圖 8-1　回饋迴路的範例

為了限制回饋迴路的負面影響，請選擇不太會創造這種迴路的標籤。點擊數僅衡量使用者是否開啟影片，而不衡量使用者是否喜歡，因此將點擊數用作最佳化目標可能導致推薦更多吸睛的內容，而不關切它的相關性。用觀看時間代替目標指標，與使用者滿意度更相關，這將有助於消除這種回饋迴路。

即使這樣，最佳化任何參與類型的推薦演算法也始終存在退化為回饋迴路的風險，因為它們的唯一目的是最大化實際上無限的指標。例如：即使演算法最佳化了觀看時間以鼓勵更多引人入勝的內容，但世界上的狀況是，最大化該指標會是每位使用者一整天都在觀看的影片。使用此類參與度指標可能有助於增加使用率，但這引出了一個問題，即這是否始終是一個值得最佳化的目標。

除了存在創造回饋迴路的風險之外，儘管在線下的驗證指標上獲得令人信服的評分，但生產環境中模型的表現也可能比預期還要差。

包容性模型效能

在第 116 頁「評估模型：不只聚焦在準確度上」中，我們介紹了各種評估指標，這些指標試圖判斷資料集不同子集的效能，這種類型的分析有助於確保模型對不同種類的使用者表現一樣好。

在訓練現有模型的新版本並決定是否部署它們時，這一點尤其重要，如果僅比較總效能，則可能無法注意到片段資料的效能顯著下降。

未能注意到這種效能下降已導致過災難性的產品失敗。在 2015 年，一個自動照片標記系統將非裔美國人使用者的照片分類為大猩猩（請參見 2015 年 BBC 這篇文章（*https://oreil.ly/nVkZv*）），這是一個慘不忍睹的失敗，並且是沒有在一組代表性輸入上驗證模型的結果。

更新現有模型時可能會出現這種問題，例如：假設您正在更新人臉識別模型，以前的模型的準確度為 90％，而新模型的準確度為 92％。在部署新模型之前，您應該在幾個不同的使用者子集上對它的效能進行基準測試，您可能會發現，雖然總體表現略有改善，但對於 40 歲以上女性的照片，新模型的準確度卻很差。因此您應該放棄部署它，相反地，您應該修改訓練資料以增加更多具有代表性的例子，並重新訓練一個可以在每個類別下都表現良好的模型。

忽略此類基準可能會導致模型對預期受眾中的一大部分都沒有用，大多數模型永遠不會可用於所有可能的輸入，但重要的是要驗證它們是否可用於所有預期的輸入。

考慮脈絡

使用者不會總是意識到被給予的一則資訊是來自 ML 模型的預測，只要有可能，您都應該與使用者分享預測的脈絡，以便他們可以就如何利用它做出知情的決定。為此，您可以從向他們描述如何訓練模型開始。

目前尚無工業標準的「模型免責聲明」格式，但是在這一領域的活躍研究已經展現出了有希望的格式，例如：模型卡（請參見 M. Mitchell 等人的這篇文章「Model Cards for Model Reporting」（*https://arxiv.org/abs/1810.03993*）），這是一個用來提供清晰模型報告的文件系統。在這個提出的方法中，模型附帶了關於它如何被訓練、使用哪些資料測試、預期用途是什麼等等的詮釋資料（metadata）。

在我們的案例研究中，ML 寫作輔助編輯器根據特定的問題資料集提供回饋。如果我們將其部署為產品，則會包含關於該模型預期在哪些輸入類型上表現良好的免責聲明。這樣的免責聲明可能很簡單，例如「此產品試圖建議更好的問題表達方式，它是在來自 Stack Exchange 寫作的問題上進行訓練，因此可能反映了該社群的特定偏好」。

讓善意的使用者了解情況是重要的。現在，讓我們看看較不友善的使用者可能帶來的挑戰。

敵人

一些 ML 專案需要考慮模型被敵人擊敗的風險。詐欺者可能試圖欺騙一個負責檢測可疑信用卡交易的模型。或者，敵人可能希望探查訓練過的模型以收集資訊，則不應允許他們存取相關的底層訓練資料，例如：敏感的使用者資訊。

擊敗模型

許多 ML 模型被部署來保護帳戶和交易以免受到詐欺者的侵害。接下來，詐欺者試圖透過欺騙模型相信他們是合法使用者來擊敗這些模型。

例如：如果您試圖防止線上平台的詐欺性登入，則可能需要考慮一些特徵集。這些特徵集應包括使用者來自的國家（許多大規模攻擊都使用來自同一地區的多台伺服器）。如果您在這種特徵上訓練模型，則有可能從詐欺者所居住的國家引入對非詐欺使用者的偏見。此外，僅依靠此類特徵將使惡意行為者很容易透過偽裝其位置來欺騙您的系統。

為了防禦敵人，定期更新模型很重要。當攻擊者了解現有的防禦方式並調整其行為以擊敗它們時，請更新您的模型，以便它們可以迅速將此新行為歸類為詐欺行為。這需要監視系統，以便我們可以偵測行為模式的變化，我們將在第 11 章中更詳細地介紹此部分。在許多情況下，防禦攻擊者需要生成新特徵以更好地偵測其行為。請隨意參見第 91 頁「讓資料告訴我們特徵和模型」來複習特徵生成。

最常見的攻擊類型是使模型陷入錯誤的預測中，但是還有其他類型的攻擊，某些攻擊則是利用已訓練好的模型以取得它背後訓練的資料內容是什麼。

利用模型

不僅僅是簡單地欺騙模型，攻擊者還可以使用它來學習隱私資訊。模型反映了對它進行訓練的資料，因此可以使用其預測來推論原始資料集中的模式，為了說明這個想法，請考慮一個包含兩個例子的資料集上訓練的分類模型範例，每個例子屬於不同的類別，而且兩個例子只在單個特徵值上有所不同。如果讓攻擊者存取在此資料集上所訓練的模型，並允許他們觀察對任意輸入的預測，他們最終可以推論出此特徵是資料集中唯一的預測性特徵。相同地，攻擊者可以推論訓練資料中的特徵分佈，這些分佈通常會接收敏感或隱私資訊。

在詐欺性登入偵測的範例中，假設郵政編碼是登入時必填的欄位之一，攻擊者可能嘗試使用許多不同的帳戶登入，並測試不同的郵政編碼以查看哪些值能成功登入，這樣一來，他們便可以估算出郵政編碼在訓練集中的分佈情況，進而可以估算出該網站使用者的地理分佈。

限制此類攻擊效率的最簡單方法是限制特定使用者可以進行的請求數量，進而限制其探索特徵值的能力。這不是萬靈丹，因為老練的攻擊者可能會創建多個帳戶來規避此限制。

本節中描述的敵人不是您唯一該關心的邪惡使用者，如果您選擇與更廣泛的社群分享您的作品，則還應問問自己它是否能用於危險的應用程式。

濫用中關注的問題和雙重用途

雙重用途描述了為一種目的而開發但可以用於其他目的的技術，由於 ML 在相似類型的資料集上表現良好的能力（請參見圖 2-3），ML 模型通常會出現雙重用途的問題。

如果您建立了一個讓人們改變聲音以聽起來像他們朋友聲音的模型，它會被濫用來未經他人同意就仿冒他們嗎？如果您選擇建立它，那麼如何包含適當的指導和資源，以確保使用者了解模型的正確使用方式？

同樣地，任何能準確分類人臉的模型要監視雙重用途。雖然最初可能會建立這樣的模型來啟用智慧門鈴，但接著可以將它用於整個城市範圍的監視器網路中自動跟蹤個人。模型是使用特定的資料集建立的，但是在其他相似的資料集上重新訓練時可能會出現風險。

目前，在考慮雙重用途方面尚無明確的最佳做法。如果您認為您的作品可能被用在不道德的用途，我鼓勵您考慮使其更難以複製或與社群進行深入周全的討論。最近，OpenAI 決定不發佈其最強大的語言模型，原因是擔心它可能使線上傳播假資訊變得更加容易（請參見 OpenAI 的公告「Better Language Models and Their Implications」（*https://oreil.ly/W1Y6f*））。儘管這是一個相對新穎的決定，但是如果人們經常提出這類擔憂，我也不會感到驚訝。

作為本章的結論，在下一節中，我將與 Textio 的現任工程總監 Chris Harland 進行討論。Chris Harland 擁有豐富的經驗，能將模型部署給使用者並提供足夠的脈絡說明以使模型有用。

Chris Harland：傳遞實驗

Chris 擁有物理學博士學位，並從事於各種機器學習任務，包括用於從付費軟體收據中提取結構化資訊的電腦視覺（computer vision）。他曾在 Microsoft 的搜索團隊工作，在那裡他意識到了 ML 工程的價值，Chris 後來加入了 Textio，該公司致力於開發增強式寫作產品，以幫助使用者撰寫更具吸引力的職位描述。Chris 和我坐下來討論了他在傳遞 ML 驅動產品方面的經驗，以及他如何不只聚焦在準確度指標上來驗證結果。

問：*Textio 使用 ML 直接引導使用者，與其他 ML 任務有何不同？*

答：當您只關注預測，例如：何時購買黃金或在 Twitter 上跟隨誰時，您可以容忍一些差異。當您引導寫作時就不是如此，因為您的建議帶有很多含意。

如果您告訴我再寫 200 個單詞，則您的模型應保持一致，並讓使用者依循其建議，所以當使用者寫下 150 個單詞後，該模型便無法改變主意來建議您減少單詞數。

引導也需要明確：「刪除 50％的停止詞（stop words）」是一種令人困惑的指示，但是「減少這三個句子的長度」可能會以更可行的方式幫助使用者。因此，在使用更易於理解的特徵的同時，要保持效能是一個挑戰。

本質上，ML 寫作助手會根據模型引導使用者通過特徵空間中的起始點來到達更好的點。這有時候包含通過更差的點，這可能會是個令人沮喪的使用者體驗，在打造產品時必須考慮到這些限制。

問：*進行此引導的好方法是什麼？*

答：作為引導，精確度比召回率要有趣得多。如果您想向某人提供建議，那麼召回率就是在所有可能的相關領域和一些不相關領域（其中有很多）中提供建議的能力，而精確度則是在一些有希望的領域中提供建議而忽略其他可能領域。

在提供建議時，犯錯的成本非常高，因此精確度是最有用的。使用者會從模型先前給出的建議中學習，並將它主動地應用於未來的輸入，這使得這些建議的精確度變得更加重要。

此外，由於我們會發現不同的因素，因此我們會衡量使用者是否真正利用了它們，如果沒有，我們應該理解為什麼不這樣做，一個實際的例子是我們語句中「主動與被動的比率」特徵，該特徵未被充分利用。我們意識到這是因為該建議的可行性不足，因此我們透過突顯修訂建議本身的用詞來進行改善。

問：您如何找到新方法來引導您的使用者或新特徵？

答：由上而下和由下而上的方法都很有價值。

由上而下的假設調查是由領域知識驅動的，而且基本上是從先前經驗中的特徵匹配所組成。例如：這可以來自產品或行銷團隊，由上而下的假設可能看起來像是「我們相信招聘電子郵件的神秘性有助於推動參與」。從上而下的挑戰通常是找到一種提取特徵的實用方法，只有這樣，我們才能驗證該特徵是否具有預測性。

由下而上的目的是對分類管線進行反省，以了解它所發現的預測性。如果我們有文本的一般表示形式，例如：單詞向量、單詞和詞性標註，然後將其餵入模型集合以分類為好還是壞，那麼哪些特徵最能預測我們的分類？領域專家通常會最有能力從模型的預測中識別出這些模式，接著的挑戰是找到一種使這些特徵令人易懂的方法。

問：您如何判斷模型何時是足夠好的？

答：您不應低估相關語言的小型文本資料集所能為您帶來的影響。事實證明，在許多使用案例中，僅使用您領域中的一千份文件就足夠了，標籤這種小資料集是值得的，然後，您可以從樣本之外的資料開始測試您的模型。

您應該放輕鬆一點進行實驗。關於更改產品的絕大多數想法最終都會產生無效的淨效應（net effect），這應該能讓您減少對新特徵的擔心。

最後，建立一個不良的模型是沒關係的，而且這是您應該最先著手的地方。修復不良的模型將使您的產品面對問題時更加穩固，並幫助它更快地發展。

問：當模型投入生產環境中，您如何看待它的表現？

答：在生產環境中，請向使用者清楚地呈現模型的預測，並讓他們能改寫它。記錄特徵值、預測和改寫，以便您可以監視它們並進行後續的分析。如果您的模型產生了分數，那麼尋找方法將此分數與推薦的使用情況進行比較可以是一個額外的信號。例如：如果您要預測電子郵件是否會被開啟，那麼從使用者那裡存取真實資料非常有價值，這樣您就可以改進模型。

最終的成功指標是客戶的成功，這是最慢才能得知的，並且受許多其他因素影響。

總結

我們首先介紹了使用和儲存資料的問題。然後，我們探究了資料集中偏見的原因以及辨識並減少它們的技巧。接著，我們看到了模型在外頭面臨的挑戰，以及如何降低把模型暴露給使用者的相關風險。最後，我們研究了如何架構系統，使它們被設計為可容錯的。

這些是複雜的議題，而 ML 領域在應對所有可能的濫用形式仍有許多工作要做。第一步是讓所有從業者意識到這些問題，並在自己的專案中留意這些問題。

現在，我們已經準備好部署模型。首先，我們將在第 9 章中探索不同部署方案之間的權衡，然後，在第 10 章中，我們將介紹一些降低部署模型相關風險的方法。

選擇您的部署方案

前面的章節說明了從產品構想到 ML 執行的過程，以及在準備好要部署該應用程式之前對其進行疊代的方法。

本章將介紹不同部署方案以及它們之間的權衡。不同部署方法適合不同的要求組合。在考慮選擇哪一個時，您會想要考慮多個因素，例如：延遲、硬體和網路要求、隱私、成本和複雜性中重要的事。

部署模型的目標是讓使用者和它進行互動時，我們會介紹實現此目標的常用方法，以及部署模型時在不同方法中做決定的技巧。

當部署模型和啟動網頁伺服器以提供預測，我們將從最簡單的方法開始。

伺服器端部署

伺服器端部署包括設置一個網頁伺服器，該伺服器可以接受來自使用者端的請求、透過推論管線來運行它們，然後回傳結果。此解決方案適合網頁開發範例，因為它將模型視為應用程式中的另一個端點。使用者發送請求到此端點，並期望得到結果。

伺服器端模型有兩種常見的工作負載：串流與批次。串流工作流程當收到請求時接受並立即處理它們，批次工作流程的運行頻率較低，一次可以處理大量請求。讓我們從串流工作流程開始來看。

串流應用程式或 API

串流方法將模型視為使用者可以向其發送請求的端點。在這種情況下,使用者可以是應用程式的終端使用者,或是一個依賴模型預測的內部服務,例如:內部服務可以使用預測網站流量的模型,負責調整伺服器數量以匹配預測的使用者數量。

在串流應用程式中,一個請求的程式碼路徑通過一組步驟,這些步驟與我們在第 40 頁「從簡單的管線開始」中介紹的推論管線相同。提醒一下,這些步驟是:

1   驗證請求。驗證傳遞的參數值,並選擇性檢查使用者是否具有運行此模型的正確權限。

2   收集額外資料。查詢其他資料來源以獲取任何其他所需資料。例如,我們可能需要使用者的相關資訊。

3   預處理資料。

4   運行模型。

5   後處理結果。驗證結果是否在可接受的範圍內,增加脈絡以使它對使用者而言易於理解,例如:解釋模型的信心度。

6   回傳結果。

您可以看到如圖 9-1 所示的步驟順序。

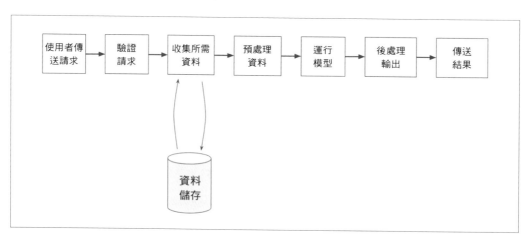

圖 9-1 串流 API 工作流程

端點方法可以快速實作，但基礎設施需要根據目前使用者數量進行線性擴展，因為每位使用者都將促使獨立的推論調用，如果流量的增加超過伺服器處理請求的能力，它們將開始被延遲甚至故障。因此，要使這種管線適應流量模式，就需要能夠輕鬆啟動和關閉新伺服器，這將需要一定程度的自動化。

但是，對於像 ML 寫作輔助編輯器這樣的簡單演示（一次只能被幾個使用者訪問）而言，串流方法通常是一個不錯的選擇。要部署這個編輯器，我們使用輕量級的 Python Web 應用程式，例如 Flask（*https://oreil.ly/cKLMn*），這使得設置一個 API 只需幾行程式碼即可輕鬆地為模型提供服務。

您可以在該書的 GitHub 儲存庫（*https://github.com/hundredblocks/ml-powered-applications*）中找到該原型的部署程式碼，但在此我將進行簡要概述。Flask 應用程式包含兩個部分，一個是用於接收請求並將其發送到模型以使用 Flask 進行處理的 API，以及一個內置 HTML 的簡單網站，供使用者輸入其文本並展示結果。定義這樣的 API 不需要太多程式碼。以下您可以看到兩個函式，它們處理 ML 寫作輔助編輯器 v3 所提供服務中的大部分工作：

```python
from flask import Flask, render_template, request

@app.route("/v3", methods=["POST", "GET"])
def v3():
    return handle_text_request(request, "v3.html")

def handle_text_request(request, template_name):
    if request.method == "POST":
        question = request.form.get("question")
        suggestions = get_recommendations_from_input(question)
        payload = {"input": question, "suggestions": suggestions}
        return render_template("results.html", ml_result=payload)
    else:
        return render_template(template_name)
```

v3 函式定義了一個路徑，該路徑使它可以決定使用者訪問 /v3 頁面時顯示的 HTML，它使用特徵 handle_text_request 決定要顯示的內容，使用者首次訪問該頁面時，請求類型為 GET，因此該函式顯示 HTML 模板。該 HTML 頁面的螢幕截圖如圖 9-2 所示，如果使用者點擊「獲取建議」的按鈕，則請求類型為 POST，因此 handle_text_request 檢索問題資料、將其傳遞給模型，然後回傳模型輸出。

圖 9-2 用來使用模型的簡單網頁

當存在強大的延遲限制時，則需要串流應用程式。如果模型所需的資訊只能在要進行預測時獲得，並且需要立即地預測，則需要一種串流方法。例如：在叫車應用中預測特定行程價格的模型裡，需要使用者位置和駕駛當前可用的相關資訊才能進行預測，該資訊只有在請求時可用，而且這種模型還需要立即輸出預測，因為必須將預測顯示給使用者，以便他們決定是否使用該服務。

在其他的情況下，可以提前獲得計算預測所需的資訊，所以一次處理大量請求要比在它們到達時才處理容易得多，這稱為**批次預測**（*batch prediction*），接下來我們會介紹它。

批次預測

批次方法將推論管線視為一項可以同時在多個例子上運行的工作。批次工作是在許多例子上運行模型並儲存預測，以便可以在需要時使用它們。如果在模型需要預測之前就能先存取模型所需的特徵，則批次工作是適合的。

舉例來說，假設您要建立一個模型，為團隊中的每個銷售人員提供最有價值的潛在公司聯繫列表，這是一個常見的 ML 問題，稱為**潛在顧客評分**（*lead scoring*）。要訓練這樣的模型，您可以使用像是：電子郵件的歷史對話和市場趨勢之類的特徵，在銷售人員決定聯繫哪位潛在客戶之前，即是當需要預測時，可以使用這些特徵，這代表您可以在每晚批次工作中計算潛在客戶列表，並在早晨需要時將準備好的結果展示出來。

同樣地，使用 ML 排序早上要閱讀的最重要通知訊息的應用，這對延遲沒有強大的要求，該應用程式的適當工作流程是在早上批次處理所有未讀電子郵件，並在使用者需要時儲存已安排好優先順序的列表。

批次方法需要與串流方法一樣多次運行推論，但是它可以提高資源使用效率，因為預測是在預定時間完成的，並且預測的數量在批次開始時是已知的，所以分配和平行化資源會更加容易。另外，批次方法可以在推論時更快速，因為結果已經預先計算並且只需要檢索即可，這提供了與快取（caching）類似的收益。

圖 9-3 顯示了此工作流程的兩端，在批次時，我們計算所有資料點的預測並儲存我們產生的結果，在推論時，我們檢索預先計算的結果。

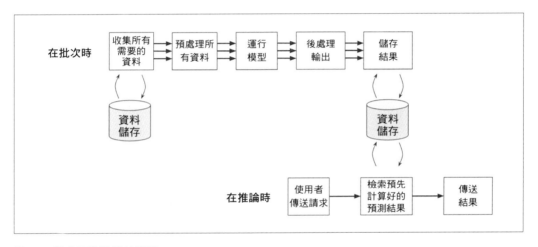

圖 9-3 批次工作流程的範例

您也可以使用混合方法。在盡可能多的情況下進行預先計算，並在推論時檢索預先計算好的結果，或者在不可用或過時的狀況下立即計算，這樣的方法會盡可能快速地產生結果。因為任何可以提前計算的東西都會先得到，但隨之而來的是必須同時維護批次生產管線和串流管線的成本，這大幅增加了系統的複雜性。

我們已經介紹了兩種在伺服器上部署應用程式的常見方法：串流和批次。這兩種方法都需要維護伺服器為客戶運行推論功能，如果產品流行起來，這可能會很快變得高成本。此外，此類伺服器代表了應用程式的主要故障點，如果對預測的需求突然增加，則您的伺服器可能無法容納所有請求。

或者，您可以直接在發出請求的客戶端設備上處理請求，在使用者的設備上運行模型可以降低推論成本，並且因為客戶端提供了必要的計算資源，所以無論您的應用程式多麼的熱門，您都可以保持持續的服務水準，這稱為**客戶端部署**（*client-side deployment*）。

客戶端部署

在客戶端上部署模型的目標是在客戶端上運行所有計算，而無需由伺服器來運行模型。電腦、平板電腦、現代智慧型手機以及某些連接的設備（例如：智慧音箱或門鈴）具有足夠的運算能力來自行運行模型。

本節僅介紹部署在設備上進行推論的**已訓練模型**，而不會訓練設備上的模型。模型仍然以相同的方式接受訓練，然後將其發送到設備上進行推論，這個模型可以透過置入在應用程式中進入設備，也可以從網頁瀏覽器中讀取。有關將模型打包到應用程式中的工作流程範例，請參見圖 9-4。

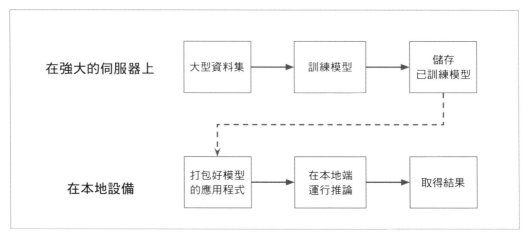

圖 9-4　在設備上運行推論的模型（我們仍然可以在伺服器上訓練）

口袋大小的設備比功能強大的伺服器提供的計算能力更有限，因此，這種方法限制了可以使用的模型複雜性，但是在設備上運行模型可以提供多種優勢。

首先，這減少了為每位個別使用者建立運行推論的基礎設施需求，此外，在設備上運行模型可以減少需要在設備和伺服器之間傳輸的資料量，這樣可以減少網路延遲，甚至可以允許應用程式在不使用網路的情況下運行。

最後，如果推論所需的資料包含敏感資訊，則在設備上運行模型將消除將該資料傳輸到遠端伺服器的需要，伺服器上沒有敏感資料會降低未經授權的第三方存取此資料的風險（有關這為何可能會帶來嚴重風險，請參見第 178 頁「資料中關注的問題」）。

圖 9-5 比較了針對伺服器端模型和客戶端模型向使用者獲取預測的工作流程，在上方，您可以看到伺服器端工作流的最長延遲通常是將資料傳輸到伺服器所花費的時間；在下方，您可以看到雖然客戶端模型幾乎沒有延遲發生，但是由於硬體限制，它們處理例子的速度通常比伺服器慢。

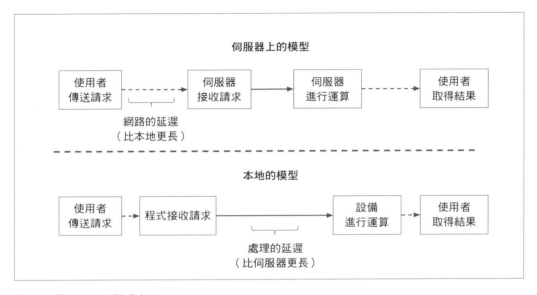

圖 9-5 運行在伺服器或本地

就像在伺服器端部署一樣，有多種方法可以在客戶端部署應用程式。在以下各節中，我們將介紹兩個方法：本地部署模型和透過瀏覽器運行它們，這些方法與可訪問應用程式商店和網頁瀏覽器的智慧型手機和平板電腦有關，但與其他連接的設備比如微控制器無關，我們將不在這裡進行介紹。

終端設備

筆記型電腦和手機中的處理器通常並未針對運行 ML 模型進行最佳化，因此執行推論流程的速度會較慢。為了使客戶端模型快速運行且不消耗過多電力，模型應盡可能地小。

可以透過使用更簡單的模型、減少模型的參數數量來縮小模型大小，或是透過降低準確度來實現。例如，在神經網路中，權重經常被修剪（pruned）（刪除值接近零的權重）並量化（降低權重的精確度）。您可能也希望減少模型使用的特徵數量，以進一步提高效率。近年來，諸如 Tensorflow Lite（*https://oreil.ly/GKYDs*）之類的函式庫已開始提供有用的工具，以減小模型的大小並幫助使其更易於在移動設備上部署。

由於這些要求，大多數模型會因為移植到設備上而遭受輕微的效能損失。不能忍受模型效能下降的產品，比如那些仰賴於過於複雜的前沿模型，應該部署在伺服器上而無法在智慧型手機等設備上運行的產品。一般來說，如果在設備上運行推論所需的時間，大於將資料傳輸到要處理的伺服器所需的時間，則您應考慮在雲端運行模型。

對於其他應用程式（例如：智慧型手機上的預測性鍵盤），它們提供了有助於快速輸入的建議，使用無需存取網路的本地模型數值比準確度的損失更重要。同樣地，為幫助遠足者拍攝照片並辨識植物的智慧型手機應用程式應可離線運行，以便能在遠足中使用。這樣的應用程式將需要在設備上部署模型，即使這代表要犧牲預測的準確度。

翻譯應用程式是 ML 驅動產品的另一個實例，該產品受益於在本地運作。此類應用程式可能會在使用者於國外無法存取網路時使用，即使無法像只在伺服器上運行的複雜模型那樣精準，但擁有可以在本地運行的翻譯模型也成為一項要求。

除了網路問題外，在雲端運行模型還會增加隱私的風險，將使用者資料發送到雲端並儲存，甚至會暫時增加攻擊者存取它的機率。考慮一個在照片上無害地加上濾鏡的應用程式，許多使用者可能不滿將其照片發送到伺服器進行無限期地處理和儲存。在日益關注隱私的世界中，能夠向使用者保證他們的照片永遠不會離開設備，這是一個重要的差異化因素。正如我們在第 178 頁「資料中關注的問題」中所看到的那樣，避免使敏感資料置於風險的最佳方法是，確保它永遠不會離開設備或儲存在您的伺服器上。

另一方面，量化修剪（quantizing pruning）和簡化模型是一個耗時的過程。只有在延遲、基礎設施和隱私益處足以投入工程努力的情況下，才值得進行設備上的部署。對於 ML 寫作輔助編輯器，我們將僅限於使用基於網頁的串流 API。

最後，由於模型之間的最佳化過程可能有所不同，因此專門最佳化模型以使其在特定類型的設備上運行可能非常耗時。有更多在本地運行模型的選項，包括利用設備之間的通用性以降低所需工程的選項，瀏覽器中的 ML 是此領域中令人興奮的領域。

瀏覽器端

大多數智慧設備都可以存取瀏覽器，這些瀏覽器通常經過最佳化以支持快速圖形計算，這使得人們對使用瀏覽器讓客戶端執行 ML 任務的函式庫越來越感興趣。

這些框架中最熱門的是 Tensorflow.js（*https://www.tensorflow.org/js*），它使我們能在瀏覽器中使用 JavaScript 來訓練大多數可微分的模型並運行推論，甚至是使用不同程式語言像是 Python 來訓練模型。

這讓使用者可以透過瀏覽器與模型進行互動，而無需安裝任何其他應用程式，此外，因為模型是使用 JavaScript 在瀏覽器中運行的，因此計算是在使用者設備上完成的，您的基礎設施只需要提供包含模型權重的網頁即可。最後，因為 Tensorflow.js 支援 WebGL，使得 WebGL 可以利用客戶端設備上的 GPU（如果有的話）來加快計算速度。

使用 JavaScript 框架可以更輕鬆地在客戶端上部署模型，而無需像以前的方法那樣進行大量的特定設備工作，這種方法的確存在頻寬成本增加的缺點，因為客戶端每次打開頁面都需要下載模型，而不是在安裝應用程式時一次就下載好。

只要您使用的模型只有幾 MB 或更小並且可以快速下載，使用 JavaScript 在客戶端上運行它們可以是降低伺服器成本的有用方法。如果伺服器成本成為 ML 寫作輔助編輯器的問題，那麼使用 Tensorflow.js 之類的框架部署模型，將是我推薦最先探索的方法之一。

到目前為止，我們只單純考慮在客戶端部署已經訓練過的模型，但是我們也可以決定在客戶端上訓練模型。在下一部分中，我們將探討何時這樣做才有用處。

聯邦學習：一個混合方法

我們已經介紹了大部分部署已訓練過模型的不同方法（理想情況下，依循前面各章中的指南），而現在我們正在選擇如何部署。我們已經考慮過不同的解決方案使所有使用者獲得獨特的模型，但是如果我們希望每位使用者都擁有不同的模型，該怎麼做？

圖 9-6 上方的系統有對所有使用者都通用的訓練模型，而下方的系統則是每位使用者擁有略微不同的模型版本，圖中顯示了這兩者之間的區別。

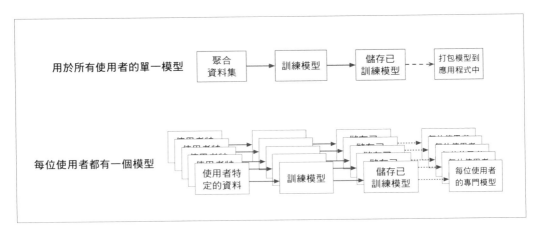

圖 9-6　一個大模型或許多個別模型

對於許多應用程式（例如：內容推薦、提供寫作建議或醫療保健），模型最重要的資訊來源是其擁有的相關使用者資料。我們可以透過為模型生成特定使用者的特徵來利用這項事實，或者我們可以決定每位使用者都應該擁有自己的模型。這些模型都可以共享相同的體系結構，但是每位使用者的模型將具有不同的參數值，以反映他們各自的資料。

這個想法是聯邦學習（Federated Learning）的核心，這是深度學習的領域，最近在像是 OpenMined（*https://www.openmined.org/*）等專案中受到越來越多的關注。在聯邦學習中，每個客戶都有自己的模型，每種模型都從其使用者資料中學習，並將彙整後的更新（可能是匿名的形式）傳送到伺服器，伺服器利用所有更新來改進其模型，並將此新模型提取回各個客戶端。

每位使用者都會收到一個針對其需求進行個人化製作的模型，同時仍然可以從其他使用者的彙整資訊中受益。聯邦學習提高了使用者的隱私性，因為他們的資料從不傳輸到僅接收彙整模型更新的伺服器中，這與透過收集有關每位使用者的資料，並將所有資料儲存在伺服器上以傳統方式訓練模型形成對比。

聯邦學習是 ML 的一個令人興奮的方向，但它的確增加了額外的一層複雜性。與訓練單個模型相比，要確保每個單獨的模型都運行良好，並且正確地將傳回伺服器的資料匿名化，則要複雜得多。

聯邦學習已經在具有部署資源的團隊的實際應用中使用，例如：A. Hard 等人在「Federated Learning for Mobile Keyboard Prediction」（*https://arxiv.org/abs/1811.03604*）中所述，Google 的 GBoard 使用聯邦學習來為智慧型手機使用者提供下一個單詞的預測。由於使用者之間書寫風格的差異，因此建立一個對所有使用者來說都表現良好而且獨一無二的模型非常困難，使用者層級的訓練模型使 GBoard 可以了解特定於使用者的模式並提供更好的預測。

我們介紹了在伺服器上、在設備上，甚至在兩者上部署模型的多種方法，您應該根據應用程式的要求考慮每種方法及其權衡。與本書中的其他章節一樣，我鼓勵您從一種簡單的方法開始，並僅在確認有必要時才轉向更複雜的方法。

總結

有多種方法可以為 ML 驅動的應用程式提供服務，您可以設置串流 API，讓模型在例子來到時對它進行處理。您可以使用批次的工作流程，它將定期一次處理多個資料點。或者，您可以選擇將模型部署在客戶端，方法是將模型打包在應用程式中，或是透過網頁瀏覽器提供服務，這樣做會降低推論成本和基礎設施需求，但會使您的部署過程更加複雜。

正確的方法取決於您的應用程式要求，例如：延遲要求、硬體、網路和隱私問題，以及推論成本。對於像 ML 寫作輔助編輯器這樣的簡單原型，請從端點或簡單的批次工作流程開始，然後從那裡進行疊代。

但是，部署模型帶來的不僅僅是向使用者暴露模型。在第 10 章中，我們會介紹圍繞著模型來建立保護措施以減少錯誤的方法、使部署過程更有效的工程工具，以及驗證模型是否能如期運行的方法。

為模型建立保護措施

在設計資料庫或分散式系統時，軟體工程師會關切容錯能力，這是指系統在某些部件故障時還能夠繼續運作的能力。在軟體中，問題不在於系統的特定部分是否會故障，而是何時會發生。相同的原理可以應用於 ML，無論模型多麼的好，它都會在某些例子中故障，因此您應該建構一個可以優雅地處理這類故障的系統。

在本章中，我們將介紹幫助預防或降低故障的不同方法。首先，我們將看到如何驗證接收和產生的資料品質，並使用此驗證來決定如何向使用者呈現結果，然後，我們將看到使建模管線更穩固以有效率地服務許多使用者的方法，之後，我們會查看利用使用者回饋並判斷模型效能的選項。在本章結束時，我們將對 Chris Moody 進行一次有關部署最佳做法的訪談。

繞過故障的工程師

讓我們介紹一些 ML 管線故障最可能的方式，細心的讀者也許會注意到，這些故障案例與我們在第 136 頁「佈線除錯：視覺化和測試」中看到的除錯技巧有些相似。向生產環境中的使用者暴露模型確實帶來了一系列的挑戰，這些也反映了為模型除錯所帶來的挑戰。

程式缺陷和錯誤可以出現在任何地方，但是最重要的是要驗證三個方面：管線的輸入、模型的信心度以及所產生的輸出。讓我們來依序解決每個問題吧。

輸入和輸出檢查

任何模型都是在特有的資料集上訓練。訓練資料具有一定數量的特徵,而且每個特徵都是特定類型的,此外,每個特徵都依循模型為了能準確表現所學習到的特定分佈。

如同我們在第 30 頁「新穎性和分佈轉移」中所看到的,如果生產環境資料與模型所訓練的資料不同,則模型可能難以運作。為了幫助解決這個問題,您應該檢查管線的輸入。

檢查輸入

面對資料分佈中的少許差異時,某些模型仍然可能表現良好。但是,如果模型接收到的資料與訓練資料有很大不同,或者某些特徵遺失或不預期的類型,它將表現不佳。

如前所述,即使是錯誤的輸入(只要這些輸入的形狀和類型正確),ML 模型也能夠運行。模型將產生輸出,但是這些輸出可能會有很大的錯誤。考慮圖 10-1 中所示的範例,管線先向量化句子並應用分類模型到此向量表示,而將句子分類為兩個主題之一。如果管線接收到一個包含隨機字元的字串,它仍會將它轉換為向量,並讓模型做出預測,這種預測是荒謬的,但僅透過查看模型結果就無法得知。

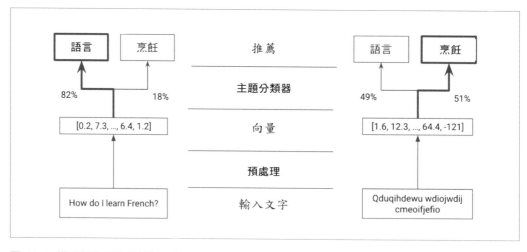

圖 10-1 模型仍會為隨機的輸入輸出一個預測

為了防止模型在錯誤的輸入上運行，我們在把這些輸入傳遞給模型之前，要先檢測到錯誤的輸入。

檢查 vs. 測試

在本節中，我們談論輸入檢查，這與在第 143 頁「測試您的 ML 程式碼」中看到的輸入測試不同。它們的差別細微但重要。測試是驗證程式碼在給定已知且預定輸入下的行為是否符合預期。每次程式碼或模型更改時通常都會進行測試，以驗證管線仍可正常運作。本節中的輸入檢查是管線本身的一部分，並根據輸入的品質來改變程式的控制流程（control flow）。輸入檢查的故障可能會導致運行其他模型或根本不運行模型。

這些檢查涵蓋了第 143 頁「測試您的 ML 程式碼」中測試的相似領域，依照重要性的排序，它們會是：

1. 驗證是否所有必要的特徵都存在

2. 檢查每個特徵類型

3. 驗證特徵值

個別驗證特徵值可能很困難，因為特徵分佈可能很複雜，進行這種驗證的一種簡單方法是定義特徵可以採用的合理範圍值，並驗證它是否在該範圍內。

如果任何輸入檢查故障，則模型不應運行。具體您應該做什麼取決於使用案例。如果遺失的資料代表資訊的核心部分，則應回傳錯誤，並指明錯誤來源。如果您評估仍然可以提供結果，則可以用啟發式方法取代模型呼叫。這是透過建構啟發式方法來啟動任何 ML 專案的另一個原因：它為您提供了一個可依靠的選項！

在圖 10-2 中，您可以看到此邏輯的範例，其中採用的路徑取決於輸入檢查的結果。

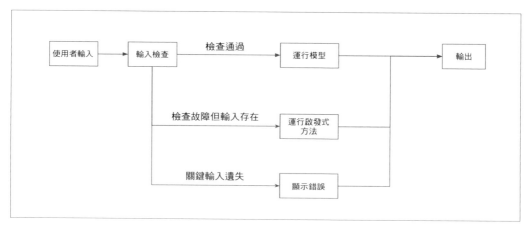

圖 10-2 輸入檢查的分支邏輯範例

以下是 ML 寫作輔助編輯器中一些控制流程邏輯的範例，該邏輯檢查遺失的特徵和特徵類型。根據輸入的品質，它會引發錯誤或運行啟發式方法。我已經複製範例到這裡了，但您也可以在本書的 GitHub 儲存庫（*https://github.com/hundredblocks/ml-powered-applications*）上找到它，而且有此編輯器其餘部分的程式碼。

```
def validate_and_handle_request(question_data):
    missing = find_absent_features(question_data)
    if len(missing) > 0:
        raise ValueError("Missing feature(s) %s" % missing)

    wrong_types = check_feature_types(question_data)
    if len(wrong_types) > 0:
        # 如果資料有誤，但是我們有該問題的長度，請運行啟發式方法
        if "text_len" in question_data.keys():
            if isinstance(question_data["text_len"], float):
                return run_heuristic(question_data["text_len"])
        raise ValueError("Incorrect type(s) %s" % wrong_types)

    return run_model(question_data)
```

驗證模型輸入讓您可以縮小故障模式的範圍並辨識資料輸入問題，接下來，您應該驗證模型的輸出。

模型輸出

當模型做出預測，您就應該決定是否應該把它呈現給使用者，如果預測超出模型可接受的答案範圍，則應該考慮不呈現它。

例如：如果您要根據照片預測使用者的年齡，則輸出值應介於 0 到超過 100 歲一些（如果您在西元 3000 年讀這本書，請隨意調整範圍）。如果模型輸出的值超出此範圍，則不應該顯示該值。

在這種情況下，可接受的結果不僅由合理性來定義，它還取決於評估**對使用者有用**的結果種類。

對於我們的 ML 寫作輔助編輯器，我們只想提供可行的建議，如果模型預測應該完全刪除使用者撰寫的所有內容，這將會是一個相當無用（而且侮辱）的建議。這裡有一個範例程式碼片段，用來驗證模型輸出並在必要時回到啟發式方法：

```
def validate_and_correct_output(question_data, model_output):
    # 驗證類型和範圍並相應地引發錯誤
    try:
        # 如果模型輸出不正確，則會引發數值錯誤
        verify_output_type_and_range(model_output)
    except ValueError:
        # 我們運行啟發式方法，但也可以在這裡運行不同的模型
        run_heuristic(question_data["text_len"])

    # 如果沒有引發錯誤，我們將回傳模型結果
    return model_output
```

當模型故障時，您可以恢復到我們之前看到的啟發式方法，也可以恢復到您之前建立的簡單模型。嘗試使用先前類型的模型通常是值得的，因為不同的模型可能擁有不相關的錯誤。

我在圖 10-3 的假設範例中對此進行了說明，在左側，您可以看到具有較複雜決策邊界、效能較好的模型；在右側，您可以看到一個較差、較簡單的模型，較差的模型會產生更多的錯誤，但由於決策邊界形狀的不同，其錯誤與複雜的模型有所差異。因此，較簡單的模型獲得一些被較複雜模型預測錯誤的正確例子，所以直觀上，當主要模型故障時，使用簡單模型作為備份是合理的想法。

如果您確實使用了較簡單的模型作為備份，則您還應該用相同的方式驗證其輸出，如果它們未通過檢查，則應退回到啟發式方法或顯示錯誤。

驗證模型輸出是否在合理範圍內是一個很好的開始，但這還不夠。在下一節中，我們將介紹我們能繞過模型來建立額外的保護措施。

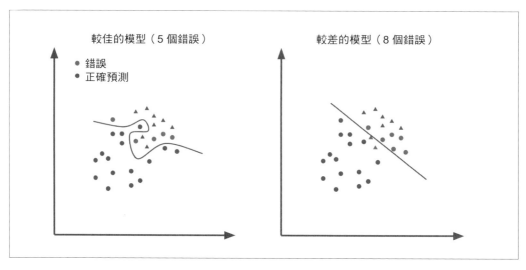

圖 10-3 較簡單的模型通常會產生不同的錯誤

模型故障備案

我們已經建立了保護措施，以檢測並導正錯誤的輸入和輸出。但是，在某些情況下，模型的輸入可能是正確的，而模型的輸出可能是合理但完全錯誤的。

回到照片預測使用者年齡的範例，確保模型預測的年齡是人類的合理年齡，這是一個好的開始，但理想上我們希望為此特定使用者預測出正確的年齡。

沒有一個模型能 100% 無時無刻地正確，輕微的錯誤通常是可以接受的，但是您應該盡可能地檢測出模型何時發生錯誤。這樣做讓您可以將給定案例標記為過於困難，並鼓勵使用者提供更簡單的輸入（例如：光線充足的照片形式）。

檢測錯誤有兩種主要方法，最簡單的方法是追蹤模型的信心度，以評估輸出是否準確。第二是建立一個額外的模型，該模型的任務是偵測可能會使主要模型故障的例子。

對於第一種方法，分類模型可以輸出一個機率，該機率可以用於模型對其輸出的信心度估計。如果這些機率得到了很好的校準（請參見第 121 頁「校準曲線」），則可以將它們用於檢測模型不確定的情況，並決定不向使用者顯示結果。

有時候，儘管給例子很高的機率，但模型還是錯誤的，這是第二種方法出現的地方：使用模型過濾掉最困難的輸入。

過濾模型

除了並不總是值得信賴之外，使用模型信心度分數還有另一個很大的缺點，就是當要獲得此分數時，無論是否使用其預測，都需要運行整個推論管線，例如：當使用需要在 GPU 上運行的較複雜模型時，這特別浪費。理想上，我們想在不運行模型的情況下評估它在一個例子上的表現如何。

這就是過濾模型的背後想法，由於您知道某些輸入對於模型來說很難處理，因此您應該提前偵測到它們，而不必費心在它們上運行模型。過濾模型是輸入測試的 ML 版本，它是一個二元分類器，經過訓練後可以預測模型在給定例子上的效能是否良好，這種模型的核心假設是：對主要模型而言資料點的種類存在某種趨勢，如果這些困難的例子有足夠的共通點，則過濾模型可以學習將它們與較簡單的輸入區分開來。

以下是一些您可能希望過濾模型捕捉的輸入類型：

- 與在主要模型表現良好的輸入相比，品質有所差異的輸入
- 模型訓練過但表現不佳的輸入
- 為了愚弄主要模型的對抗性輸入

在圖 10-4 中，您可以看到圖 10-2 中邏輯的更新範例，此範例現在包含了一個過濾模型，如您所見，過濾模型僅在輸入檢查通過的情況下運行，因為您只需要過濾掉可能進入「運行模型」框的輸入。

要訓練過濾模型，您只需要收集一個包含兩個類別例子的資料集即可；您主要模型成功的類別以及其他失敗的類別。這可以使用我們的訓練資料來完成，不需要額外收集資料！

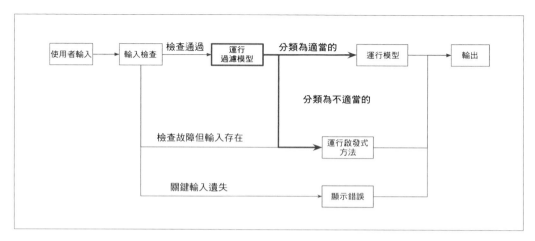

圖 10-4 在輸入檢查中增加過濾步驟（粗體字部分）

在圖 10-5 中，我顯示了如何利用已訓練的模型及它在資料集上的結果來做到，如圖中左側所示，抽樣一些模型正確預測的資料點和一些模型錯誤預測的資料點，然後，您可以訓練一個過濾模型，以預測哪些資料點是原始模型故障的資料點。

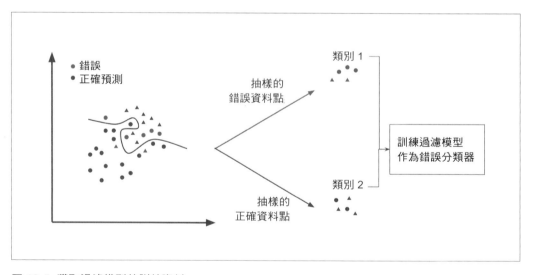

圖 10-5 獲取過濾模型的訓練資料

一旦擁有已訓練好的分類器後，訓練過濾模型就相對簡單，給定一個測試集和一個已訓練好的分類器，下面的函式將只執行這個動作。

```
def get_filtering_model(classifier, features, labels):
    """
    獲取二元分類器資料集的預測錯誤
    :param classifier: 已訓練分類器
    :param features: 輸入特徵
    :param labels: 正確標籤
    """
    predictions = classifier.predict(features)
    # 創建錯誤為 1、正確猜測為 0 的標籤
    is_error = [pred != truth for pred, truth in zip(predictions, labels)]

    filtering_model = RandomForestClassifier()
    filtering_model.fit(features, is_error)
    return filtering_model
```

Google 將這種方法用於智慧回覆（Smart Reply）功能，它會對收到的電子郵件提供一些簡短的回覆建議（請參見 A. Kanan 等人的文章「Smart Reply: Automated Response Suggestion for Email」（*https://oreil.ly/2EQvu*））。他們使用所謂的觸發模型，負責決定是否要運行回覆建議的主要模型。在它們的案例中，大約只有 11% 的電子郵件適用於此模型。透過使用過濾模型，他們將基礎設施需求減少了一個數量級。

過濾模型通常需要滿足兩個條件。由於它的全部目的是減輕計算負擔，因此它應該是快速的，並且應該擅長剔除困難的案例。

試圖辨識困難案例的過濾模型不需要能夠捕捉所有情況；它只需要進行足夠的檢測以證明在每次推論上運行它的額外成本。一般來說，過濾模型越快，它所需要的有效性就越低，原因如下：

假設您只使用一個模型的平均推論時間為 i。

使用過濾模型的平均推論時間為 $f + i(1 - b)$，其中 f 是過濾模型的執行時間，b 是過濾出例子的平均比例（b 代表阻擋）。

為了使用過濾模型來減少平均推論時間，因此需要使 $f + i(1 - b) < i$ 轉換為 $\frac{f}{i} < b$。

這代表您的模型過濾掉的案例比例需要高於其推論速度與較大模型的速度之比例。

例如：如果您的過濾模型比一般模型（$\frac{f}{i}$ = 5%）快 20 倍，則需要阻擋 5% 以上的案例（5% < b）才能在生產環境中使用。

當然，您還需要確保過濾模型的精確度良好，這代表它阻擋的大多數輸入實際上對您的主要模型來說太難了。

一種方法是定期讓一些原本會被阻擋的例子通過您的過濾模型，並檢查您的主要模型如何對它們進行處理。我們將在第 225 頁「選擇要監視什麼」中更深入地介紹這一點。

由於過濾模型與推論模型不同，而且經過專門訓練來預測困難的情況，所以與依靠主要模型的機率輸出相比，它可以更準確地檢測到這些情況。因此，使用過濾模型既有助於降低不良結果的可能性，也有助於提高資源利用率。

因為這些理由，在現有的輸入和輸出檢查中加上過濾模型，可以顯著地提高生產管線的穩固性。在下一節中，我們將討論更多方法，包含如何將 ML 應用程式擴展到更多使用者，以及如何組織複雜的訓練過程進而使管線更穩固。

以效能為目標的工程師

在將模型部署到生產環境中時，保持效能是一項巨大的挑戰，尤其隨著產品變得越來越熱門以及模型的新版本被定期部署時。我們一開始將討論讓模型能處理大量推論請求的方法。接著，我們將介紹使定期部署更新模型版本更容易的功能，最後，我們將討論使訓練管線更加可重現（reproducible），以減少模型之間效能差異的方法。

擴展到多位使用者

許多軟體的工作負載是可水平擴展的，意思是當請求數量上升時，啟動額外的伺服器是一個使回應時間保持合理的有效策略。ML 在這方面沒有什麼不同，因為我們可以簡單地啟動新伺服器來運行我們的模型並處理額外的流量。

如果您使用深度學習模型，則可能需要 GPU 在可接受的時間內提供結果。如果是這種情況，而且您預期有足夠的請求需要啟動一台以上的 GPU 主機，則應該在兩台不同的伺服器上運行應用程式邏輯和模型推論。

對於大多數雲端提供商來說，因為 GPU 執行個體通常比一般執行個體貴一個數量級，所以擁有一個較便宜的執行個體來擴展您的應用程式，以及 GPU 執行個體僅處理推論將大幅降低您的運算成本。使用此策略時，請記得要算入一些通訊開銷，並確保這不會對您的使用案例造成太大的不利影響。

除了增加資源分配外，ML 還可以利用如快取（caching）之類有效率的方法來處理額外流量。

ML 的快取

快取是一種將結果儲存到函式呼叫中的做法，這樣只要檢索儲存的結果，就可以更快地運行對該函式具有相同參數的未來呼叫。快取是加快工程管線速度的一種常見做法，而且對於 ML 來說非常有用。

快取推論結果。 最近最少使用（Least Recently Used，LRU）快取是一種簡單的快取方法，它需要追蹤模型的最新輸入及其對應的輸出，在模型運行任何新輸入之前先在快取中查找輸入。如果找到相應的項目，則直接從快取中提供結果。圖 10-6 顯示了這種工作流程的範例，第一列表示最初遇到輸入時的快取步驟，當再次看到相同的輸入，第二列描述了檢索的步驟。

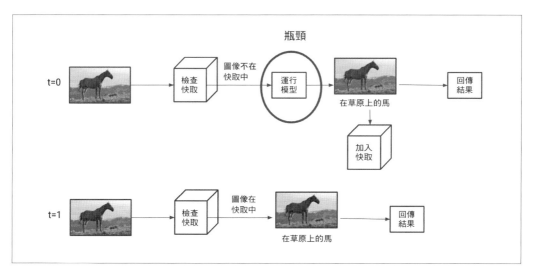

圖 10-6　用於圖像說明模型的快取

對於使用者將提供相同類型輸入的應用程式而言，這種快取策略非常有效。如果每個輸入都是獨一無二的，則不合適。如果應用程式使用爪印照片來預測它們屬於哪個動物，則該應用程式很少會收到兩張相同的照片，因此 LRU 快取將無濟於事。

使用快取時，您應該僅快取沒有副作用的函式，例如：如果 run_model 函式也將結果儲存到資料庫中，則使用 LRU 快取將導致重複的函式呼叫不會被儲存，這可能不是預期的行為。

在 Python 中，functools 模組提出了 LRU 快取的預設實作（*https://oreil.ly/B73Bo*），您可以將它與簡單的裝飾器（decorator）一起使用，如下所示：

```
from functools import lru_cache

@lru_cache(maxsize=128)
def run_model(question_data):
    # 在下方插入任何慢速模型的推論
    pass
```

在獲取特徵、處理特徵以及運行推論比存取快取還要慢時，快取最有用。根據您的快取方法（比如是在記憶體還是硬碟中）以及所使用的模型複雜度，快取將具有不同程度的有用性。

透過索引快取。 儘管所描述的快取方法在接收獨特的輸入時並不合適，但我們能快取可預先計算的管線中其他方面，如果模型不僅僅依賴於使用者輸入，這是最簡單的。

假設我們正在建立一個系統，該系統讓使用者搜尋他們所提供的文字查詢或圖像相關的內容。如果我們預期查詢有很大變化，則快取使用者的查詢不太可能大幅提高效能。但是，由於我們正在建立搜尋系統，因此我們可以存取目錄中能回傳的可能項目列表，無論我們是線上零售商還是文件索引平台，我們都會事先知道此列表。

這代表我們可以預先計算僅取決於目錄中項目的建模面向。如果我們選擇一種可以提前計算的建模方法，則可以大幅加快推論速度。

因此，建立搜尋系統時，常見的方法是先將所有索引文件嵌入到有意義的向量中（有關向量化方法的更多資料，請參見第 74 頁「向量化」）。創建嵌入之後，就可以把它儲存在資料庫中。圖 10-7 的第一行對此進行了說明，當使用者提交搜尋查詢時，它會在推論時嵌入，而且在資料庫中執行查找以找到最相似的嵌入並回傳與這些嵌入對應的產品。您可以在圖 10-7 的下面一行中看到此說明。

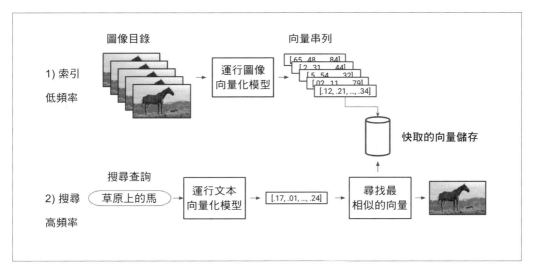

圖 10-7　具有快取嵌入的搜尋查詢

由於大多數計算都是提前完成的，因此這種方法大幅加快了推論速度，嵌入已成功用於 Twitter（請參見 Twitter 部落格（*https://oreil.ly/3R5hL*）上的發文）和 Airbnb（請參見 M. Haldar 等人的文章「Applying Deep Learning To Airbnb Search」（*https://arxiv.org/abs/1810.09591*））等公司的大規模生產管線中。

快取可以提高效能，但會增加一層複雜性。快取的大小將成為額外的超參數，您可以根據應用程式的工作量進行調校。此外，每當模型或底層資料更新時，都需要清除快取，避免它提供到過時的結果。一般來說，將生產環境中運行的模型更新為新版本通常需要格外小心。在下一節中，我們將介紹一些領域，這些領域有助於更容易地進行這種更新。

模型與資料的生命週期管理

保持最新的快取和模型可能是有挑戰性的，許多模型需要定期再訓練以保持其效能水準，雖然我們會在第 11 章介紹何時再訓練您的模型，但我想簡要地談一下如何部署更新的模型給使用者。

已訓練的模型通常以二進位文件的形式儲存，其中包含了關於它的類型和結構以及已學習的參數資訊。大多數生產環境的應用程式啟動時都會把已訓練好的模型載入到記憶體中，並呼叫該模型以提供結果，替換為較新版本模型的簡單方法是替換應用程式載入的二進位文件。圖 10-8 對此進行了說明，其中唯一受新模型影響的是管線中加粗框的部分。

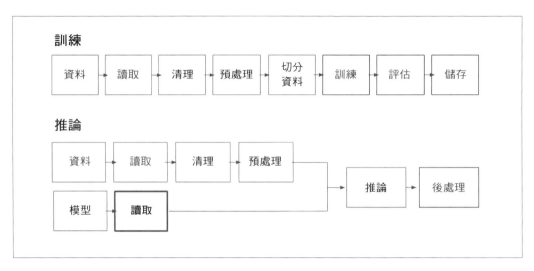

圖 10-8　部署相同模型的更新版本看起來就像是一個簡單的改變

但是，實際上此過程通常還涉及更多部分。理想上，ML 應用程式能產生可複製的結果、具有彈性以更新模型，並且足夠靈活以處理重大的建模和資料處理更改，要確保這一點，我們將涉及一些接下來會介紹的其他步驟。

重現性

要追蹤並重現錯誤，您將需要知道生產環境中正在運行的模型。為此，需要儲存已訓練的模型和用於訓練的資料集檔案。每個模型 / 資料集的對應關係都應該分配一個唯一的識別符，每次在生產環境中使用模型時都應該記錄該識別符。

在圖 10-9 中，我已將這些需求增加到載入和儲存的框中，以表示這增加了 ML 管線的複雜性。

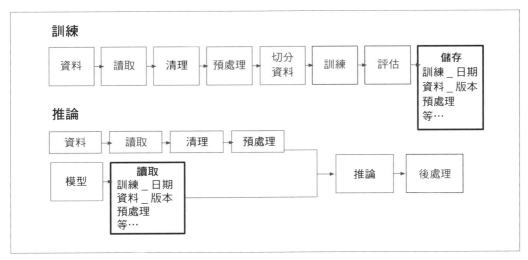

圖 10-9 儲存和載入時加上至關重要的詮釋資料

除了能夠提供現有模型的不同版本之外,生產管線還應致力於在不造成大量停機時間的情況下更新模型。

彈性

要使應用程式在更新後能夠載入新模型,就需要建構一個流程以載入新模型,理想上,這不會中斷對使用者的服務。這可以包括啟動一個提供已更新模型的新伺服器,並緩緩地把流量轉移給它,但是對於大型系統而言,它很快會變得更加複雜。如果新模型的效能不佳,我們希望能夠退回到以前的模型。適當地完成這兩項任務具有挑戰性,傳統上將它歸為 DevOps 領域。儘管我們不會深入介紹此領域,但我們將在第 11 章中介紹監視。

生產環境中的更改可能比更新模型更複雜,它們可以包括對資料處理的重大更改,這些更改也應該是可部署的。

管線靈活性

我們之前曾看到,改善模型的最佳方法通常是疊代資料處理和特徵生成,意思是新版本的模型通常會需要其他預處理步驟或是不同的特徵。

這種更改不僅反映在模型二進位文件中,而且經常與應用程式的新版本相關,因此,當模型進行預測時,也應該記錄應用程式版本,以使該預測可重現。

這樣做讓我們的管線增加了另一層的複雜性,圖 10-10 中描述了增加的預處理和後處理框中,這些現在也需要可重現和可修改。

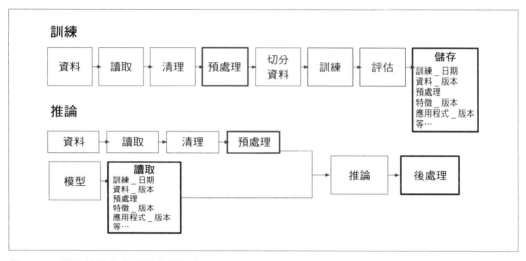

圖 10-10 增加模型和應用程式的版本

部署和更新模型具有挑戰性。在建立服務的基礎設施時,最重要的方面是能夠重現生產環境中模型運行的結果。這代表將每個推論所呼叫的運行模型、訓練模型的資料集,以及為該模型提供服務的資料管線版本是綁在一起的。

資料處理和 DAGs

為了產生前述的可重現結果,訓練管線也應具有重現性和確定性。對於給定組合的資料集、預處理步驟、模型、訓練管線應該在每次訓練運行中產生相同的訓練模型。

許多連續的轉換步驟需要建立一個模型,因此管線通常會在不同的位置斷開。這樣可以確保每個部分都已成功運行,並且它們都以正確的順序運行。

使此挑戰更容易的一種方法是將我們從原始資料到已訓練好模型的過程表示為一個有向無環圖(directed acyclic graph,DAG),每個節點代表一個處理步驟,每個步驟代表兩個節點之間的相依關係。這個想法是資料流程式設計的核心，這是熱門的 ML 函式庫 TensorFlow 基於的程式設計典範。

DAGs 可以是視覺化預處理的一種自然方式。在圖 10-11 中，每個箭頭表示一個任務，該任務依賴於另一個任務。這種表示法讓我們能夠使用圖形結構來表達複雜性，進而使每個任務保持簡單。

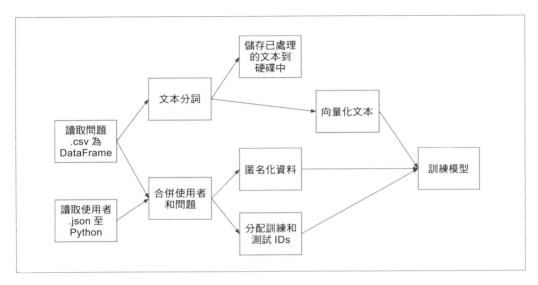

圖 10-11　用於我們應用程式的 DAG 範例

當有了 DAG 後，我們可以確保對我們產生的每個模型都依循相同的操作組合，有多種解決方案來為 ML 定義 DAGs，包括活躍的開源專案，例如：Apache Airflow（*https:// oreil.ly/8ztqj*）或 Spotify 的 Luigi（*https://oreil.ly/jQFj8*），這兩個套件都允許您定義 DAGs 並提供一組儀表板，讓您監視 DAGs 和所有相關日誌的進展。

首次建構 ML 管線時，使用 DAG 可能會是不必要的麻煩，但是當模型成為生產系統的核心部分時，可重現性的要求將使 DAGs 變得非常可信，當對模型進行了定期的再訓練和部署，任何有助於系統化、除錯和版本化管線的工具都將成為節省時間的關鍵。

作為本章的總結，我將介紹一個額外且直接的方法來確保模型運行良好，就是──詢問使用者。

尋求回饋

本章介紹了可以幫助我們確保為每位使用者適時提供準確結果的系統,為了保證結果的品質,我們介紹了一些策略來檢測模型的預測是否不準確。為何我們不直接詢問使用者?

您可以明確尋求回饋和衡量間接信號來收集使用者的回饋。在呈現模型的預測時,您可以要求使用者提供明確的回饋,伴隨一種讓使用者判斷並更正預測的方式,像是在對話框中詢問「此預測有用嗎?」一樣簡單,或一些更細緻的詢問。

例如:預算應用程式 Mint 會自動對帳戶中的每筆交易進行分類(類別包含旅遊、食物等)。如圖 10-12 所示,UI 中每個類別都顯示在一個欄位,使用者可以在需要時編輯並更正。這類系統讓我們能收集有價值的回饋資訊,相較於像是滿意度調查,它能以更不具干擾性的方式持續改進模型。

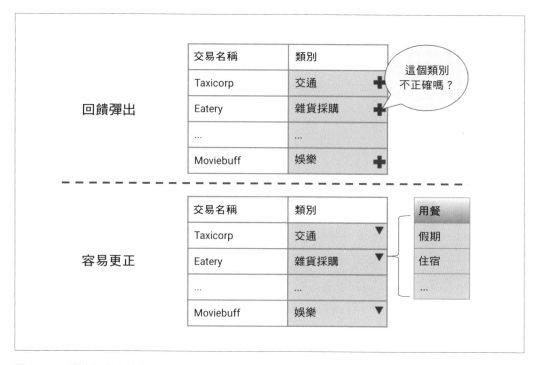

圖 10-12 讓使用者直接修正錯誤

使用者無法為模型做出的每個預測提供回饋，因此收集間接回饋是判斷 ML 效能的重要方法。收集此類回饋包括查看使用者執行的動作，以推測模型是否提供了有用的結果。

間接信號是有用的，但難以解釋。您不該寄望找到一個永遠與模型品質相關的間接信號，或只是一個相關的彙整信號。例如：在推薦系統中，如果使用者點擊推薦的項目，則可以合理地認為該推薦是有效的。這並非在所有情況下都是正確的（人們有時候會點擊到錯誤的東西！），但只要通常是正確而非錯誤的，它就是一個合理的間接信號。

透過收集這些資訊，如圖 10-13 所示，您可以估算使用者覺得結果有用的頻率。這類間接信號的收集很有用，但會帶來收集和儲存此資料的另一個風險，且可能引入負面的回饋迴路，如我們在第 8 章中討論的那樣。

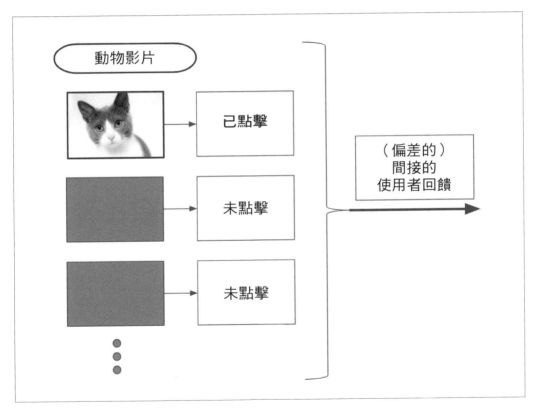

圖 10-13　作為回饋來源的使用者行為

在您的產品中建立間接回饋機制可以是收集額外資料的一種有價值方法,許多動作可以被視為間接和直接回饋的混合。

假設我們在 ML 寫作輔助編輯器的建議中增加了「在 Stack Overflow 上問問題」按鈕,藉由分析哪個預測促使使用者點擊此按鈕,我們可以衡量足以讓使用者發佈問題的良好建議比例是多少。透過增加此按鈕,我們並不是直接詢問使用者建議是否正確,而是允許他們根據建議採取行動,進而為我們提供了問題品質的「弱標籤」(若您需要弱標籤的提示,請參見第 14 頁「資料類型」)。

除了作為訓練資料的良好來源之外,間接和直接的使用者回饋可以是注意到 ML 產品效能下降的第一種方法。理想情況下,在將錯誤顯示給使用者之前應該先捕捉到它,監視這類回饋有助於更快地檢測和修復錯誤,我們將在第 11 章中更詳細地介紹這一點。

部署和更新模型的策略因團隊規模及他們在 ML 的經驗而異。對於像是 ML 寫作輔助編輯器的原型,本章中的某些解決方案過於複雜。另一方面,一些向 ML 投資了大量資源的團隊已經建構了複雜的系統,讓他們可以簡化部署過程並確保為使用者提供高品質的服務。接下來,我將分享與 Chris Moody 的訪談,Chris Moody 領導了 Stitch Fix 的 AI Instruments 團隊,並將帶我們了解他們在部署 ML 模型方面的理念。

Chris Moody:授權資料科學家去部署模型

Chris Moody 擁有加州理工學院和 UCSC 的物理背景,現在領導 Stitch Fix 的 AI Instruments 團隊。他對 NLP 有深厚的興趣,並且精通深度學習、變分法(variational methods)和高斯過程。他為 Chainer(*http://chainer.org/*)深度學習函式庫做出了貢獻、為 scikit-learn(*https://oreil.ly/t3Q0k*)貢獻了 t-SNE 的超快 Barnes-Hut 版本,並撰寫了(少數幾個!)Python 中的稀疏張量分解函式庫(*https://oreil.ly/tS_qD*),他還建立了自己的 NLP 模型 lda2vec(*https://oreil.ly/t7XFr*)。

問:資料科學家在 *Stitch Fix* 上從事模型生命週期的哪一部分?

答:在 Stitch Fix 中,資料科學家擁有全部的建模管線。該管線範圍很廣,包括如構想、原型設計、設計和除錯、ETL,以及在語言和框架如 scikit-learn、pytorch、R 中訓練模型之類的內容。此外,資料科學家還負責建立用於測量指標的系統,並為他們的模型建立「健全性檢查」。最後,資料科學家運行 A/B 測試、監視錯誤和日誌,必要時根據他們的觀察結果重新部署更新的模型版本。為了做到這一點,他們利用平台和工程團隊所完成的作品。

問：平台團隊做了哪些工作來簡化資料科學的工作？

答：平台團隊工程師的目標是找到正確的建模抽象概念，意思是他們需要了解資料科學家的工作方式。工程師不會為從事特定專案的資料科學家建立個別的資料管線，他們建立了使資料科學家能夠自己這樣做的解決方案。更一般地說，他們建立工具來授權資料科學家擁有整個工作管線，這使工程師可以花更多的時間來使平台更好，而花更少的時間來建立一次性解決方案。

問：當模型部署後，您如何判斷其效能？

答：Stitch Fix 的優勢很大一部分在於使人與演算法共同工作，例如：Stitch Fix 花費大量時間思考向它們的設計師呈現資訊的正確方法。基本上，如果您有一個 API，一方面可以公開您的模型，另一方面可以讓像是設計師或商品買家之類的使用者使用，您應該如何設計它們之間的互動？

乍看之下，您可能想建立一個前端頁面以簡單地向使用者展示演算法的結果，不幸的是，這會導致使用者感受到他們無法控制演算法和整個系統，並且在演算法運行不良時可能會感到挫折。取而代之的是，您應該將這種互動視為一個回饋的循環，允許使用者更正並調整結果，這樣做可以讓使用者訓練演算法，並能夠提供回饋，進而對整個流程產生更大的影響。此外，這讓您可以收集標籤資料來判斷模型的效能。

為了做好這件事，資料科學家應該問自己能如何將模型公開給使用者，以使他們的工作變得更輕鬆，而且能夠改善模型。這指的是，因為資料科學家最清楚哪種回饋對他們的模型最有用，所以對他們而言，這個過程是端對端中不可或缺的部分。因為他們能看到整個回饋的循環，所以可以捕捉到任何錯誤。

問：如何監視並為模型除錯？

答：當您的工程團隊建立出色的工具時，監視和除錯變得更加容易。Stitch Fix 已經建立了一個內部工具，該工具可使用建模管線並創建 Docker 容器、驗證參數和回傳類型、將推論管線公開為 API、將 API 部署在我們的基礎設施上，並在 API 上建立儀表板，該工具允許資料科學家直接修復在部署期間或部署之後發生的任何錯誤。因為資料科學家現在負責模型的故障排除，所以我們還發現，這種設置可以促使簡單、穩固而且更少損壞的模型。整個流程的所有權使得個人是針對影響力和可靠性，而不是模型複雜性進行最佳化。

問：如何部署新的模型版本？

答：除此之外，資料科學家還使用量身打造的 A/B 測試服務來進行實驗，這讓他們能定義精細的參數。然後，他們分析測試結果，如果團隊認為這些結果是無庸置疑的，則他們會自己部署新版本。

在部署方面，我們使用類似於金絲雀開發（canary development）的系統，首先將新版本部署到一個執行個體，並在監視效能的同時逐步更新執行個體。資料科學家可以存取儀表板，它顯示每個版本下的執行個體數，以及隨著部署的進展而產生的連續效能指標。

總結

在本章中，我們已經介紹了一些方法能主動檢測模型的潛在故障，並找到減少它們的方法來使我們的回應更具彈性。這包含明確的驗證策略和過濾模型的使用。我們還介紹了保持生產模型最新所帶來的一些挑戰。接著，我們討論了一些可以估算模型效能的方法。最後，我們看了一間公司的實際例子，該公司經常大規模地部署 ML，並為此建立流程。

在第 11 章中，我們將介紹額外的方法來監視模型效能，以及利用各種指標來診斷 ML 驅動應用的健康狀況。

監視並更新模型

當部署模型後，應像監視其他軟體系統一樣監視其效能。就像他們在第 143 頁「測試您的 ML 程式碼」中所做的那樣，應用一般軟體的最佳做法，而處理 ML 模型時還需要考慮額外的事情。

在本章中，我們會描述監視 ML 模型時要謹記的關鍵面向。更具體地說，我們將回答三個問題：

1   我們為什麼應該監視模型？

2   我們如何監視模型？

3   我們的監視應採取哪些行動？

讓我們開始介紹監視模型如何幫助我們決定在生產環境中何時部署新版本，或是顯示問題。

監視挽救生命

監視的目的是追蹤系統的健康狀況。對模型而言，這代表監視其效能和預測品質。

如果使用者習慣的改變突然導致模型產生欠佳的結果，那麼良好的監視系統將使您能夠盡快注意到並做出反應。讓我們介紹監視可以幫助我們捕捉到的一些關鍵問題吧。

監視以告訴我們更新率

我們在第 30 頁「新穎性和分佈轉移」中看到，大多數模型需要定期更新以維持特定的效能水準。監視可用於檢測模型何時不再新穎並需要再訓練。

例如：假設我們使用從使用者那裡得到的間接回饋（像是他們是否點擊了建議）來評估模型的準確度。如果我們持續監控模型的準確度，則只要準確度下降到定義的門檻值以下，我們就可以訓練新模型。圖 11-1 顯示了此過程的時間軸，當準確度下降到門檻值以下時，就會發生再訓練的事件。

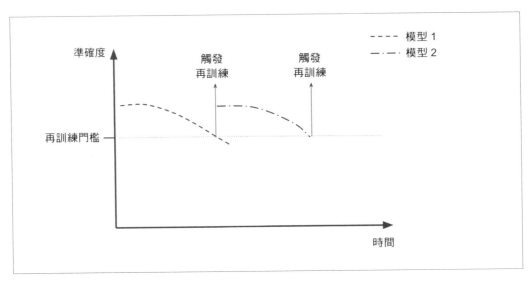

圖 11-1　監視以觸發重新部署

在重新部署更新的模型之前，我們需要驗證新模型是否更好，我們將在本節後面的第 229 頁「用於 ML 的 CI/CD」中介紹如何進行。首先，讓我們解決其他方面的監視問題，例如：可能的濫用行為。

監視以偵測濫用

在某些情況下，例如：在建立預防濫用或詐欺偵測系統時，一小部分的使用者正在積極地破壞模型。在這些情況下，監視成為偵測攻擊並評估它們成功率的關鍵方法。

監視系統可以使用異常偵測的方法來偵測攻擊。例如：在追蹤銀行線上入口網站上每個試圖的登入時，如果嘗試登入的次數突然增加十倍，則監視系統可能會發出警報，這可能是攻擊的信號。

如圖 11-2 所示，此監視可能會基於超出門檻值而發出警報，或者包含更細微的指標，例如：嘗試登入的增加率。根據攻擊的複雜程度，建立一個模型來偵測此類異常是有價值的，因為它比簡單的門檻值更能細微地偵測到這類異常。

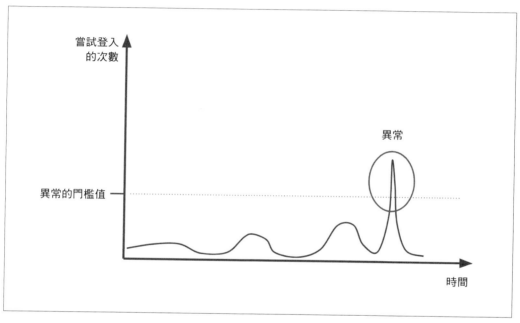

圖 11-2 監視儀表板上的明顯異常，您可以建立一個額外的 ML 模型來自動偵測它

除了監視新穎性和偵測異常之外，我們還應該監視其他哪些指標呢？

選擇要監視什麼

軟體應用程式通常監視的指標像是：處理請求的平均時間、未能處理的請求比例，以及可用的資源量。這些對於追蹤任何生產環境中的服務非常有用，並且可以在影響過多使用者之前主動進行修復。

接下來，我們將介紹更多要監視的指標，以偵測模型的效能何時開始下降。

成效指標

如果資料分佈開始發生變化，則模型可能會過時。您可以看到如圖 11-3 所示。

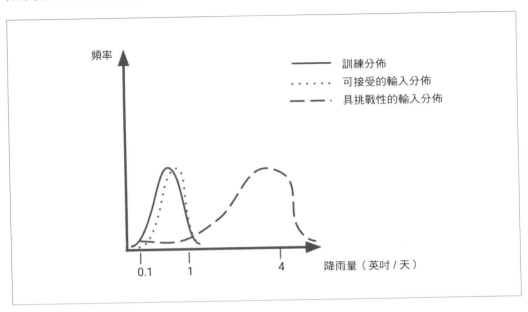

圖 11-3 特徵的分佈轉移範例

當涉及分佈轉移時，資料的輸入和輸出分佈都會更改。考慮一個模型的例子，這個模型試圖猜測使用者接下來將觀看哪部電影，給定與輸入相同的使用者歷史記錄，模型的預測應該根據可用電影目錄中的新項目進行更改。

- 追蹤輸入分佈中的變化（也稱為特徵轉移）比追蹤輸出分佈更容易，因為要取得滿足使用者的理想輸出值可能會很有挑戰性。

- 監視輸入分佈就像監視摘要統計資訊比如關鍵特徵的平均值和方差一樣簡單，如果這些統計資訊與訓練資料中的值相差超過給定的門檻值，則發出警報。

- 監視分佈轉移可能更具挑戰性。第一種方法是監視模型輸出的分佈。與輸入類似，輸出分佈的顯著變化可能表示模型效能下降，然而，使用者想要看到的結果分佈可能很難估算。

很難估算真實結果分佈的原因之一是模型的動作常會阻止我們觀察它。要了解為什麼會這樣，請考慮圖 11-4 中信用卡詐欺偵測模型的圖示，模型將接收的資料分佈在左側。

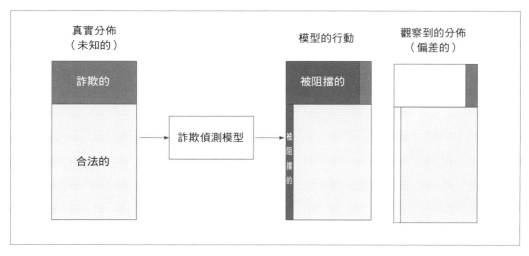

圖 11-4　根據模型預測採取行動會使觀察到的資料分佈產生偏差

正如模型對資料進行預測時，應用中的程式碼會阻止那些被預測為詐欺的任何交易。

當交易被阻檔，我們將無法觀察到如果我們讓它通過將會發生什麼。這代表我們無法知道被阻擋的交易是否實際上是詐欺性的，我們只能觀察並標籤通過的交易，因為依循了模型的預測，所以我們只能觀察到右側交易沒被阻擋的偏斜分佈。

只存取到真實分佈的偏斜樣本，就無法正確評估模型的效能。這是**反事實評估**（*counterfactual evaluation*）的重點，其目的是評估如果不執行模型將會發生的情況。要實際進行這種評估，您可以保留一小部分的例子來運行模型（請參見 Lihong Li 等人的文章「Counterfactual Estimation and Optimization of Click Metrics for Search Engines」（*https://arxiv.org/abs/1403.1891*））。如果不對例子的隨機子集採取行動，則讓我們能夠觀察到詐欺交易的無偏差分佈。透過將模型預測與隨機資料的真實結果進行比較，我們可以開始計算模型的精確度和召回率。

這種方法提供了一種評估模型的方法，但代價是要讓一部分詐欺交易通過。在許多情況下，這種權衡是有利的，因為它讓模型能進行基準測試和比較。在某些情況下，例如：在醫學領域，輸出隨機預測是不可接受的，因此不應使用此方法。

在第 229 頁「用於 ML 的 CI/CD」中,我們將介紹其他策略以比較模型並確定要部署的模型,但首先讓我們介紹其他要追蹤的關鍵指標類型吧。

商業指標

正如我們在本書中所看到的,最重要的指標是與產品和商業目標相關的指標,它們是我們可以判斷模型效能的標準。如果所有的其他指標正常,並且生產系統的其餘部分皆運行良好,但使用者沒有點擊搜索結果或使用推薦,則該產品按照定義來說是失敗的。

因此,產品指標應該被密切監視。對於搜尋或推薦之類的系統,此監視可以追蹤點擊率,即看到模型所推薦的人點擊它的比率。

某些應用程式可能會從產品的更改中受益,以便更容易地追蹤產品的成功。類似於我們在第 218 頁「尋求回饋」中看到的回饋例子。我們討論了增加分享按鈕,但是我們可以更細緻地追蹤回饋。如果我們可以讓使用者點擊建議以實踐它們,那麼我們可以追蹤是否使用了每個建議,並使用這些資料來訓練模型的新版本。圖 11-5 顯示了左側的彙整方法和右側的細緻方法之間的圖解比較。

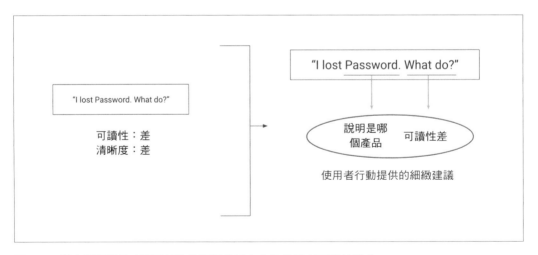

圖 11-5 提出單詞級的建議可以為我們提供更多收集使用者回饋的機會

由於我不預期 ML 寫作輔助編輯器的原型會夠頻繁地被使用,並為此方法提供夠大的資料集,因此我們會在這裡放棄建立它。如果我們建立需要維護的產品,則收集這類資料會使我們能獲得使用者覺得最有用建議的精準回饋。

現在，我們已經討論了監視模型的原因和方法，接著讓我們介紹在監視中偵測到任何問題的解決方法吧。

用於 ML 的 CI/CD

CI/CD 代表持續整合（continuous integration，CI）和持續交付（continuous delivery，CD）。粗略地說，CI 是讓多位開發人員定期將其程式碼合併回中央程式庫的過程，而 CD 則專注於提高發佈新軟體版本的速度。無論是發佈新特徵還是修復現有的錯誤，採用 CI/CD 的做法都可以使個人和組織快速疊代和改進應用程式的錯誤。

因此，用於 ML 的 CI/CD 目的在於使部署新模型或更新現有模型更加容易。快速發佈更新很容易，但它的挑戰在於確保它們的品質。

當涉及 ML 時，我們看過擁有的測試套件（test suite）不足以確保新模型能在先前的模型上獲得改進。訓練新模型並測試它在保留資料上的良好效能是很好的第一步，但是最終正如我們之前所看到的，沒有其他方法可以代替即時效能來判斷模型的品質。

在向使用者部署模型之前，團隊通常會在 Schelter 等人的論文「On Challenges in Machine Learning Model Management」（*https://oreil.ly/zbBjq*）中提及的影子模式（*shadow mode*）下部署模型，這是指與現有模型平行部署新模型的過程，運行推論時會計算並儲存兩個模型的預測，但是應用程式僅使用現有模型的預測。

藉由記錄新的預測值並將它與舊版本和可用的真實資料進行比較，工程師可以在生產環境中評估新模型的效能，而無需改變使用者經驗。這種方法還允許為可能比現有更複雜的模型測試其運行推論所需的基礎設施。影子模式不提供的功能只有觀察使用者對新模型的回應，做到這唯一的方法是實際去部署模型。

當測試了模型之後，就可以進行部署。部署新模型會讓使用者暴露於效能下降的風險中，降低這種風險需要謹慎，而這是實驗的領域所著重的地方。

圖 11-6 顯示了我們在此介紹的三種方法的視覺化，從最安全的在測試集上評估模型，到最有參考價值但最危險的在生產環境中部署模型的方法。請注意，雖然影子模式確實需要工程上的努力才能為每個推論步驟運行兩個模型，但它讓評估模型幾乎和使用測試集一樣安全，而且提供的資訊幾乎與在生產環境中運行模型相同。

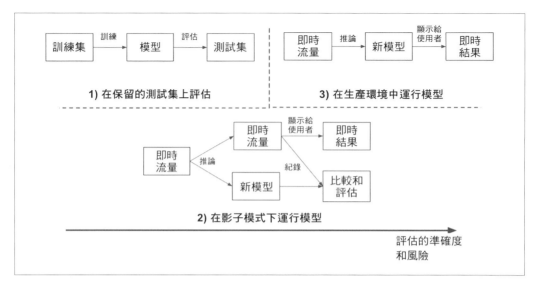

圖 11-6 從最安全、最不準確到風險最高、最準確的模型評估方法

因為在生產環境中部署模型可能是一個冒險的過程,所以工程團隊已經開發了逐步部署更改的方法,首先是只向一部分使用者顯示新結果。接下來我們會介紹這個方法。

A/B 測試與實驗

在 ML 中,實驗的目的是盡可能地使用最佳模型,同時最小化嘗試非最佳模型的成本。實驗的方法很多,最受歡迎的是 A/B 測試(A/B testing)。

A/B 測試背後的原理很簡單:讓一位使用者樣本接觸一個新模型,讓其餘樣本接觸另一個模型。通常為目前模型提供較大的「控制組」,為我們要測試的新版本提供較小的「實驗組」。當進行了夠長時間的實驗後,我們將比較兩組的結果並選擇較好的模型。

在圖 11-7 中,您可以看到如何從所有人群中隨機抽樣使用者以將其分配到測試集中。在推論時,特定使用者所使用的模型由分配到的組來決定。

A/B 測試背後的概念很簡單,但是實驗設計方面的問題,例如:選擇控制組和實驗組、決定多少時間是足夠的,以及評估哪種模型效能更好,都是具有挑戰性的問題。

此外,A/B 測試需要建立其他基礎設施,以支援為不同使用者提供不同模型的能力。讓我們更詳細地介紹這些挑戰吧。

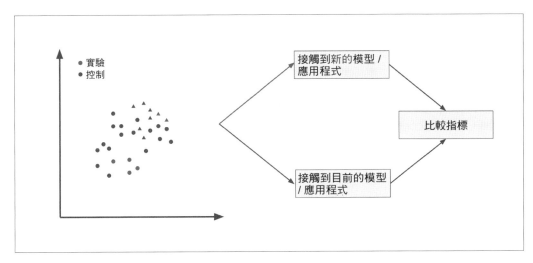

圖 11-7　A/B 測試範例

選擇分組和持續時間

決定哪些使用者應該由哪個模型服務帶來了一些要求,兩組中的使用者應該盡可能地相似,以便觀察到任何結果的差異都可以歸因於我們的模型,而不應歸因於分組中人群的差異。如果組 A 中的所有使用者都是高級使用者,而組 B 僅包含偶爾使用的使用者,則實驗的結果將不會是有說服力的。

此外,實驗組 B 應該足夠大以得出具有統計意義的結論,但應盡可能小以限制接觸到也許更差的模型。測試的持續時間也存在類似的權衡:太短,我們有資訊不足的風險;太長,我們有失去使用者的風險。

這兩個限制條件已經夠有挑戰性,但是請考慮一下擁有數百位資料科學家的大型公司的案例,這些公司並行運作著數十項 A/B 測試。多個 A/B 測試可能正在同時測試管線的同一方面,因此更難準確地確定單項測試的效果,當公司達到如此規模時,這促使他們建立實驗平台來處理其複雜性。請參見 Airbnb 的 ERF,如 Jonathan Parks 的文章「Scaling Airbnb's Experimentation Platform」(*https://oreil.ly/VFcxu*)所述;A. Deb 等人的文章「Under the Hood of Uber's Experimentation Platform」(*https://eng.uber.com/xp/*)中所述的 Uber XP;或是 Intuit 開源 Wasabi 的 GitHub 儲存庫(*https://oreil.ly/txQJ2*)。

評估較好的變量

大多數 A/B 測試選擇一個指標，並希望在各組之間比較它，例如：CTR。但不幸的是，評估哪個版本表現較好比選擇點擊率最高的組別還要複雜。

由於我們預期任何度量結果都會出現自然波動，所以我們需要先確定結果是否具有統計意義。由於我們正在估算兩個總體之間的差異，因此最常用的檢驗是兩組樣本的假設檢定（hypothesis tests）。

為了使實驗具有決定性，它需要在足夠數量的資料上進行，確切的數量取決於我們要測量的變量值以及我們要檢測的變化規模。關於實際的示範，請參見 Evan Miller 的樣本數量計算器（*https://oreil.ly/g4Bs3*）。

在進行之前，確定每組的大小和實驗的時間長度也很重要。如果改成在進行 A/B 測試時連續檢定顯著性（significance），並在看到顯著的結果後立即宣布測試成功，則將犯下重複顯著性檢定的錯誤。這種錯誤包含藉由機會主義地尋找顯著性而嚴重高估了實驗的顯著性（Evan Miller 在這裡再次做了一個很好的解釋（*https://oreil.ly/Ybhmu*））。

 儘管大多數實驗著重於比較單一指標的數值，但同時考慮其他影響也很重要。如果平均點擊率增加，但停止使用該產品的使用者數量增加了一倍，我們也許不該認為此模型是更好的。

同樣地，A/B 測試的結果應考慮到使用者不同部分的結果，如果平均點擊率增加了，但特定部分的點擊率卻驟降了，最好不要部署這個新模型。

進行實驗需要將使用者分配到一個組、追蹤每位使用者的分配情況，並據此呈現不同的結果。這就需要建立其他基礎設施，我們接下來將會介紹它。

建立基礎設施

實驗還附帶了基礎設施的要求。進行 A/B 測試最簡單的方法是將每位使用者的組別與其他相關的資訊一起儲存，比如在資料庫中。

然後，應用程式可以仰賴分支邏輯，即根據特定欄位的值來決定要運行的模型。對於使用者需要登入的系統，這個簡單的方法效果很好，但是如果登出的使用者也可以存取模型，則會變得非常困難。

這是因為實驗通常假設每組是獨立的，而且僅接觸到一個變量。當向登出的使用者提供模型時，要保證每位使用者在每次 session 中總是提供相同的變量就變得更加困難。如果大多數使用者都接觸到多種變量，則這可能會使實驗結果無效。

使用者的其他資訊像是瀏覽器 cookies 和 IP 位址可用於辨識使用者。但是，這種方法需要再次建立新的基礎設施，這對於資源有限的小型團隊來說可能很困難。

其他方法

A/B 測試是一個受歡迎的實驗方法，但是其他方法試圖解決 A/B 測試中的某些限制。

多臂吃角子老虎機（multiarmed bandits）是一種更靈活的方法，它可以連續地測試變量並在兩個以上的變量上進行測試，它們根據每個選項的執行情況動態更新要服務的模型。我已經在圖 11-8 中說明了多臂吃角子老虎機的運作方式，吃角子老虎機根據它們途經的每個成功請求，持續記錄每個選擇的執行情況。如左圖所示，大多數請求都被簡單地導向當前的最佳選擇；如右圖所示，一小部分請求將被導向隨機的替代選擇。這使吃角子老虎機可以更新哪個是最佳模型的評估，並偵測目前未提供服務的模型是否開始表現得更好。

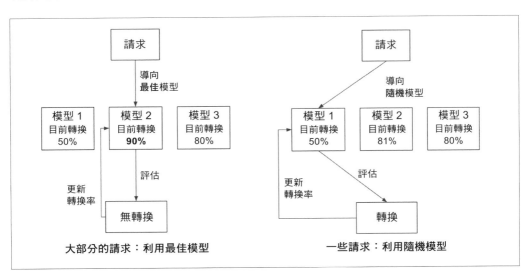

圖 11-8 多臂吃角子老虎機的實際運作

透過學習哪個模型是每位特定使用者的更好選擇，情境式（contextual）多臂吃角子老虎機進一步推進了此過程。相關的更多資訊，我推薦 Stitch Fix 團隊提供的概述（*https://oreil.ly/K5Jpx*）。

 雖然本節介紹了使用實驗來驗證模型的過程，但是公司越來越多地使用實驗方法來驗證它們應用程式中做的任何重大更改。這使他們能夠連續地評估哪個功能讓使用者覺得有用，以及新特徵表現如何。

因為實驗是一個困難且容易出錯的過程，因此多家新創公司已開始提供「最佳化服務」，進而使客戶可以將其應用程式與託管的實驗平台整合在一起，以確定哪個變量表現最佳。對於沒有專門實驗團隊的組織，這樣的解決方案可能是測試新模型版本的最簡單方法。

總結

總體而言，部署和監視模型仍然是一個相對較新的做法。這是驗證模型正在產生價值的一個關鍵方法，但是在基礎設施工作和仔細的產品設計方面常常需要付出巨大的努力。

隨著該領域開始成熟，諸如 Optimizely（*https://www.optimizely.com/*）之類的實驗平台應運而生，而使某些工作變得更加容易。理想情況下，這應該賦予 ML 應用的打造者，能夠為所有人持續讓應用變得更好。

回顧本書中描述的所有系統，只有一小部分的目的在訓練模型，打造 ML 產品涉及的大部分工作包括資料和工程工作。儘管事實如此，但我所指導的大多數資料科學家發現，找到介紹建模技術的資源變得更加容易，因此感受到自己沒有準備好應對這一領域以外的工作。這本書是我為了幫助大家補足此落差所做的努力。

打造 ML 應用需要多個領域的廣泛技能，例如：統計、軟體工程和產品管理，該過程的每個部分都非常複雜，以致於需要編寫多本有關它的書。本書的目的是為您提供廣泛的工具集，以幫助您打造這類應用，並讓您透過依循第 x 頁「額外資源」中概述的推薦來決定要深入探索的主題。

考慮到這一點，我希望本書為您提供工具，以更自信地解決並打造 ML 驅動產品有關的大部分工作。我們介紹了 ML 產品生命週期的每個部分，首先是將產品目標轉化為 ML 方法，接著尋找、整理資料並在模型上疊代，然後再驗證效能並部署它們。

無論您是從頭到尾閱讀本書，或是深入研究與您工作最相關的特定部分，現在您都應該擁有了必要的知識來開始打造您自己的 ML 應用，如果這本書對您有所幫助或是對內容有任何疑問或意見，請寄電子郵件至 mlpoweredapplications@gmail.com 與我聯繫。我期待著您的回音，並看到您的 ML 成果。

索引

※ 提醒您：由於翻譯書排版的關係，部分索引名詞的對應頁碼會和實際頁碼有一頁之差。

B

C

關於作者

Emmanuel Ameisen 多年來持續打造機器學習驅動的產品。他目前在 Stripe（*https://www.stripe.com*）從事機器學習工程。他以前是 Insight Data Science（*https://www.insightdata.ai*）的 AI 負責人，他在那領導了超過 150 個 ML 專案。在此之前，Emmanuel 是 Zipcar（*https://www.zipcar.com/*）的資料科學家，他在那從事隨選（on-demand）預測以及建構框架和服務，以幫助在生產環境中部署 ML 模型。他擁有 ML 和商業的跨領域背景，包含南巴黎大學（Université Paris-Sud）的 AI 碩士、巴黎中央理工 - 高等電力學院（CentraleSupélec）的工程碩士，以及歐洲高等商學院（ESCP Europe）的管理學碩士學位。

出版記事

《打造機器學習應用》封面上中的動物是紅線蛺蝶（poplar admiral butterfly（*Limenitis populi*））。這種蝴蝶是北非、北亞、中東和歐洲越來越稀有的大型蝴蝶。

紅線蛺蝶的翼展約三英吋，翅膀是有白色斑點的深棕色，上側有石板色和橙色的邊緣，下側有橙色標記。

在 8 月下旬，紅線蛺蝶會將卵產在楊樹的葉子上（多數為顫楊（trembling aspen）、歐洲山楊（*Populus tremula*）），因為牠們的幼蟲只吃這些葉子。其幼蟲有角狀的附肢，牠們成長時會在綠色和棕色的樹蔭處脫皮以便偽裝。牠們從夏末開始成長，在秋天開始紡絲製作保護性的繭來過冬。到了春季，當第一片楊樹的嫩芽冒出時，牠們重新出現並立刻開始覓食，以完成它們最後的過渡時期：5 月下旬，它們用絲將自己附著在葉子上，並在蛹裡面長出硬化的表層皮膚，在 6 月和 7 月間變成蝴蝶。

和大多數蝴蝶不同，紅線蛺蝶不會採花蜜，而是使用它們探測性的吻管（proboscis）從腐肉、動物糞便、樹液和泥土中的鹽（有時甚至是人類汗液中的鹽）中汲取食物和營養，它們似乎被分解的氣味所吸引。

儘管牠們目前在國際自然保護聯盟瀕危物種紅色名錄（IUCN Red List）中被列為「無危」（Least Concern）的物種。但因為落葉林被開發，紅線蛺蝶的數量正在減少。許多 O'Reilly 封面上的動物都瀕臨滅絕；它們全部都對世界很重要。

封面上的彩色插圖由 Jose Marzan Jr. 根據 *Meyers Kleines Lexicon* 的黑白版畫繪製而成。

打造機器學習應用｜從構想邁向產品

作　　者：Emmanuel Ameisen
譯　　者：徐浩軒
企劃編輯：蔡彤孟
文字編輯：詹祐甯
設計裝幀：陶相騰
發 行 人：廖文良

發 行 所：碁峰資訊股份有限公司
地　　址：台北市南港區三重路 66 號 7 樓之 6
電　　話：(02)2788-2408
傳　　真：(02)8192-4433
網　　站：www.gotop.com.tw
書　　號：A650
版　　次：2021 年 05 月初版
建議售價：NT$580

國家圖書館出版品預行編目資料

打造機器學習應用：從構想邁向產品 ／Emmanuel Ameisen 原著；
　徐浩軒譯. -- 初版. -- 臺北市：碁峰資訊, 2021.05
　　面；　　公分
　譯自：Building Machine Learning Powered Applications
　ISBN 978-986-502-758-2(平裝)
　1.機器學習
312.831　　　　　　　　　　　　　　　110003111

讀者服務

● 感謝您購買碁峰圖書，如果您對
本書的內容或表達上有不清楚
的地方或其他建議，請至碁峰網
站：「聯絡我們」\「圖書問題」留
下您所購買之書籍及問題。(請
註明購買書籍之書號及書名，以
及問題頁數，以便能儘快為您處
理)

http://www.gotop.com.tw

● 售後服務僅限書籍本身內容，若
是軟、硬體問題，請您直接與軟
體廠商聯絡。

● 若於購買書籍後發現有破損、缺
頁、裝訂錯誤之問題，請直接將
書寄回更換，並註明您的姓名、
連絡電話及地址，將有專人與您
連絡補寄商品。